国づくり人づくりのコンシエルジュ

～こんな土木技術者がいる～

土木学会

The Concierge to International Activities for Civil Engineers

Messages from Seven Professionals

May 2008

Japan Society of Civil Engineers

目次

【コンシエルジュについて】

フランス語では、コンシエルジュは本来、「大きな建物、重要な建物の門番」という意味を持つ。現在では、ホテルの宿泊客のあらゆる要望や案内に対応する「総合世話係」「よろず相談承り係」というような職務を担う人の職名として使われている。

顧客のあらゆる要望に答えることをそのモットーとしていることもあり、「(顧客の要望に対して)決してＮＯとは言わない人」との異名を持つ。

まえがき

土木事業は、人々の生活の支え、産業を支える基盤となるものである。人々が生活しているところ、すべての場所にその需要はある。日本が戦後営々とおこなってきた途上国の開発援助、技術援助は、特に東アジアにおいてはその生活基盤や産業基盤の形成に寄与し、いま東アジア圏として飛躍しようとしている。そこでは膨大な社会資本整備の需要が興っている。また、アフリカではいまだに人々が安心して暮らせる生活基盤すら整っていない国もある。さまざまな形ではあるが、国づくり人づくりのニーズがある限り、そこに多くの土木技術者を必要としている場所がある。

土木学会のコンサルタント委員会では、日本の若い土木技術者が広く世界を目指し、その活躍と貢献の場を国際的に拡げることを支援するために、国際競争力特別小委員会を設け平成18年度から活動を始めた。その活動のはじめとして、まず国際的なフィールドで活躍している土木技術者はどんな人なのか、その実像を知ってもらうため学生や若手の技術者を対象とした懇話会を、7回にわたって開催した。懇話会では、毎回一人ずつ海外で活躍されている、あるいは活躍された技術者に講師として登壇していただき、自らの経験を通じて考えてきたことや若い人たちに伝えたいことなどを語っていただいた。懇話会への参加者は毎回40人ほどで、学生をふくむさまざまな年齢層の方が参加し、講師を囲んでの活発な意見交換がおこなわれた。本書は、この懇話会に登壇していただいた7名の講師の講話の内容をもとに、ひとりの記者の目で、各人の人となりを取りまとめたものである。記者としては長年日本の土木技術者を見続けてきた元新聞記者であり、当特別小委員会の委員でもある佐藤正則氏にお願いした。佐藤氏に取りまとめていただいた各人の行動や考え方に共通しているものは土木技術者の原点ともいえる「世のため人のため」という志であろう。学者、コンサルタント、コントラクターという立場の違いはあるが、一貫してその国、その土地の人々のためという情熱が感じられる。さらに、日本と海外の違いについての指摘が各所に現れているが、それは土木技術の違いというよりは土木事業を執行していく仕組みの違いに起因しているものが多い。それが日本の土木技術者の教育にも影響しているようである。日本が世界の一員として、その役割を担っていかなければならないときに、日本の特殊性にこだわり続けることが、国際競争力の強化を妨げているように思われる。ここに登場していただいた技術者は、世界の建設産業の中では普遍的な土木技術者であろう。その活躍の仕方を知り、その姿をつうじて世界を理解してもらうことが本書の目的である。
日本の若い技術者に、本書を贈りたい。出来るだけ多くの若い技術者が海外を目指し、地球貢献に向けて活躍されることを望みたい。それがまた日本の世界に対する役割である。

平成20年5月

土木学会コンサルタント委員会委員長
国際競争力特別小委員会委員長
廣瀬　典昭

I　「道を造りて歩みし道」

掌の中の「ひも」は世界平和にのびている

加藤　欣一

6　「伝える」と「伝わる」の違い

不思議な魅力を持った人である。

気心の知れた旧知の人と話しするときも、初対面の人と話しするときも、加藤の態度は変わらない。相手が年配者でも自分の子どもと同世代の青年であっても、やはり同じ接し方をする。

初めて会う人の多くは、口の周りに髭を生やした加藤に見つめられて、つい身構えてしまいそうになるけれど、初対面であることを意識させないその言動に安堵し、いつの間にか加藤の話に引き込まれている。

特技とも言えるこの魅力が、加藤の天性の性格によるものなのか、30年以上にわたって仕事をしてきた海外での経験によって創られたものかは、分からない。でも、余分な修飾や説明を削ぎ落とした、それでいて妙に親しみや温かさを感じさせる加藤の話し方は、これまで多くの国の人たちと出会い、接してきた「経験」と無関係ではない気がする。

グローバリゼーション〈註〉という言葉を用いることに気恥しさを覚えてしまうほど、日本のあらゆる分野での国際化が無定見に進行している中で、日本と他の国の違いにこだわることを、時代遅れと捉える風潮がある。しかし、それぞれの国が、それぞれに異なっているのだ。その違いを正確に見つめられる視線を持った国と国民であることが、グローバリゼーションの基本であり条件であるはずなのだ。

私たち日本人はそのことを意識せずに、経済のグローバル化が文化や習慣や価値観のグローバル化であると無防備に思い込んでいるようにも見える。

だが、海を越えてある国に入ったとたん、日本国内では全く意識しなかった〝日常〟を否応なく意識させられる。複数の思考や行動を同時並行的に進めながら何気なくやり過ごしている日本の日常はそこにはなく、国境を越えたのは自分の肉体だけで、精神はまだ国境を越えていないことを知らされるのだ。日常の基本ツールである言葉までが自由を失い、自分の意思や目的を伝えるために単語や思考をぎりぎりまで絞り込み、真剣さや誠実さをむき出しにせざるを得ない。日本の日常で忘れていた緊張と謙虚が甦る。

加藤はその〝非日常性〟を30数カ国で経験してきた。

その国の大半が発展途上国と言われる国々であり、その国々の道づくりに携わってきた。どの国のどのプロジェクトの場合でも、その国の人たちの真意を理解することから、そして、加藤の真意を理解してもらうことから仕事をスタートさせてきた。

言語も宗教も民族も異なる人たちと心を分かり合うための会話に、余分な修飾や説明は不要である。不信を招き信頼を遠ざける要因になるだけであり、赤裸な気持ちを真摯に出す以外にない。それが文明や文化や伝統の異なる人同士が分かり合える最良、最短の道である。加藤はいつもその道を選んできた。

旧知の人にも初対面の人にも、年配者にも若者にも同列に心を開き、不必要な言葉や表現を排除する加藤の語り口は、その道を歩いているうちに身に付いたのだと思われる。余分を削ぎ落とすと余白ができる。その余白が、加藤の親しみ易さや温かさの正体なのかも知れない。

加藤は多くの外国語に触れてきた。その彼がこう言う。

「言葉より心です。言葉は伝えるものだが、心は伝わるもの。肝心なのは語学の問題ではなく心の問題なのです」

動機も出発も学生の時だった

加藤がこれまで手がけてきた道路プロジェクトは、ざっと30カ国、総延長はすでに1万5000キロメートルを超えている。初期の段階の計画策定から始まり、フィージビリティスタディ〈註〉を行い、設計そして施工監理さらに維持管理補修の指導まで、プロジェクトの誕生と成長を見届けてきた。

その道路は都市と町と村をつなぎ、さらに新たな街を創り出し、ときには国境を越えて国と国を結んで、モノと人と心を運び続けている。道路によって点と点が線となり、やがて線が面に変化して驚くほどの広がりを実現していく。道路は輸送ルートであると同時に、国づくり都市づくり人づくりを生み出す魔術のような力を秘めているのだ。それだけにひとたび戦争や紛争が発生した際には攻撃の標的にもされてしまう。だから道路が生き生きとした活力にあふれていることは、その国の平和の証でもある。

道路はその形状が長いだけでなく、人間の営みのエネルギーを貪欲に吸収しながら伸び続ける、命の長いインフラなのだ。

その道路に携わる技術者のことを、加藤は「ひも屋」と表現することがある。自らを

「ひも屋」と呼ぶのは、技術者特有の照れも含まれているけれど、道路は輸送や移動の機能だけでなく、無限の可能性を結ぶ絆の役割を果たしていることへの矜持が込められている。だから、ロープやベルトではなく温もりのある「ひも」でなければならないとの思いがあるのだ。

コンサルティング・エンジニア〈註〉としての加藤の半生は、道路一筋と言えるものであり、さらにその大半が海外におけるものであるが、そこにもさまざまな国の人たちと加藤の心を結んできた「ひも」が見えてくる。

「大学3年のとき病気になり入院をした。病院のベッドで読んだ小田実の『何でも見てやろう』に惹かれ、海外に興味を持った。できれば海外で仕事をしてみたいと考えた。それが現実にできるとは全く思わなかったけれど、漠然とした夢が心の隅っこに棲み付いてしまった」

小田実の『何でも見てやろう』（河出書房新社）が世に出たのは1961年（昭和36）である。〈ひとつ、アメリカに行ってやろう〉の書き出しから始まり、ハワイを振り出しにアメリカ本土からヨーロッパにわたり、さらにエジプト、インドまで、ひたすら金のかからない方法を探しながら歩き回ったこの貧乏旅行記は、たちまち若者たちの心を捉えた。1ドル360円の時代で、海外への円の持ち出しが厳しく制限されていた中で、まだ20代半ばだった小田実の海外を舞台にした体当たり的な行動に、当時の若者が共鳴し喝采を送ったのだ。『何でも見てやろう』は、この年のベストセラー7位にランクされた。ちなみに1位は『英語に強くなる本』（岩田一男、光文社）であり、青少年たちの海外に向ける関心の高まりが窺える。

加藤が海外に興味を抱いたのが大学時代なら、道路技術者としての第一歩も大学時代に始まっている。『世界を駆ける』（編集発行・国際建設技術協会）の中で、加藤はこう記している。

「私の道路屋としての人生は1969年にはじまる。当時、まだ土木工学科の大学生だった私は、設計コンサルタントで、あたかも永久就職したかのように、アルバイトとして設計作業の手伝いをしていた。はじめて携わった国内での〝ひも〟は東北自動車道であったが、以来、長いなが〜い道づくりの道を歩いてきた」

多くの地域と国の道路プロジェクトを成功させてきた加藤を、他の国の技術者たちは手ごわい競争相手として意識する一方で、心強いパートナーとして評価する。それが技術者の世界なのだ。

加藤が国際的なプロフェッショナル・エンジニアとなる動機や出発が、すでに学生のときに形成されていることを考えると、そこに彼自身の生き方を決めた1本の「ひも」が存在しているように思えてくる。

『何でも見てやろう』が出版された1961年は、ジョン・F・ケネディが第35代米国大統領に就任（1月）、ソ連が人類初の有人宇宙飛行に成功（4月）、ベルリンの壁構築（8月）など、米ソ対立を軸とする国際構造をより鮮明にした年である。一方、高度経済成長の道を走り始めた日本は活気にあふれていたが、日本人の多くが世界の動きを海外の出来事としてとらえる意識が強く、日本を国際社会の一員として見つめる視点が希薄であったことは否定できない。日本人が「海外」から「国際」への視点の変更を迫られるようになったのは、東西冷戦が終焉し新たな世界構造の国際社会が出現し、日本が主体的な国際貢献を要求される時代に直面してからであった。

湾岸戦争と髭の少し哀しい話

1971年（昭和46）、大学を卒業した加藤はパシフィックコンサルタンツに就職した。道路部に配属され、学生時代にアルバイトとして携わってきた東北自動車道に、社員の立場で取り組むことになった。翌72年（昭和47）には、沖縄自動車道の設計スタッフに加わる。日本の基準に合わせて車が左側走行に設計された沖縄自動車道は、この年に米国から返還され43番目の県となった沖縄の日本復帰の証しでもあった。

当時の通産大臣だった田中角栄氏が、総理大臣を意識したマニフェストとも言える『日本列島改造論』を発表したのもこの年で、田中内閣の発足によって大規模なインフラ整備や、開発プロジェクトが動き出し、〝列島改造ブーム〟の言葉が生れた時代である。

加藤がパシフィックコンサルタンツインターナショナルへの出向辞令を受け、インドネシアのスラウェシ島縦貫道路建設のために日本を離れたのは、1975年（昭和50）8月である。病院のベッドで小田実の本を読みながら、「海外で仕事をしてみたい」とおぼろげに思ったことが、ここで現実となった。

そして1986年（昭和61）にパシフィックコンサルタンツインターナショナルに転

籍となり、「海外で仕事をする」ことが生活となって現在に至っている。インドネシア、サウジアラビア、フィリピン、マレーシア、バングラデシュ、タイ、パキスタン、ベトナム、ボスニア・ヘルツェゴビナ。30カ国を数える国々での仕事がすべて道路プロジェクトである。これだけ多くの国の道路づくりに携わってきた技術者は、国内外でも数少ない。

「ひも」が加藤と道路を結びつけて離さなかったのだ。

ところで、加藤は小田実と偶然の出会いを経験している。海外から久しぶりに帰国し友人と東京・新宿の小さな居酒屋で飲んでいるとき、異様な雰囲気を発散させる3人の客が入ってきて、加藤たちの隣のテーブルに椅子の音を鳴らして乱暴に座った。作家の小田実と中上健次と新聞記者であった。

加藤が小田に、『何でも見てやろう』を読んで触発されたこと、そして現在海外で仕事をしていることを告げると、小田は加藤に歌を歌えと言う。カラオケなどなかった時代の居酒屋で、加藤が前川清の『そして神戸』（作詞・千家和也、作曲・浜圭介）を歌い出すと、小田は立ち上がって歌詞を英訳しながら大声で一緒に歌い出した。

「かなりブロークンな英語だった。中上は歌がものすごくうまく、歌手の都はるみと親しいとも言っていたなあ。あの偶然の出会いには感激した」と笑いながら加藤はいまも懐かしむ。傍にいた顔も体もごつい中上健次は、戦後生まれの初の芥川賞受賞者であったが、46歳で早世した。そして小田も2007年7月30日、享年75で彼岸に旅立った。

それにしても新宿の夜の居酒屋で演じられた、フィクションのような光景である。

加藤が髭を伸ばすきっかけとなったのは、1991年（平成3）の湾岸戦争である。そのときパキスタンで仕事をしていた。

「当時のパキスタンではサダム・フセインの人気が非常に高かった。イラクを攻撃した多国籍軍に、日本が90億ドル（1兆2000億円）の追加支援を決定したことから、パキスタン人の日本人を見る目が違ってきた。そこで日本人らしく見えないようにと髭を生やしたのですが、自分でも意外に気に入ってしまった。髭を生やす人と帽子を被る人は、個性が豊かで自己主張の強さの現われという通説があり、それに倣えば私も自己主張が強いのかもしれない」

加藤が冗談めかして言ったこの話は、東西冷戦終結後の国際社会における日本の立場の微妙な変化を言い当てている。

１９８０年代の日本は、イラク、イラン、エジプトなど中東諸国への経済援助やインフラ整備を通じ友好的な関係をより堅固にしていた。中東地域で多くの日本人技術者が、それぞれの国の人たちと国づくりを行っていることに、イスラム圏の人々はおしなべて好意を持っていた。それは単に経済援助によるものだけでなく、有色の肌を持つ日本人への親近感であり、欧米の連合軍と戦い敗れたものの短期間に経済大国を築き上げた日本人の勤勉さへの尊敬であり、その国の人と一緒に汗を流す日本人技術者への感謝であり、宗教の垣根を越えた感情だった。

湾岸戦争で日本は世界各国の中で突出した最高額の１３０億ドルを支出したが、米国やＥＵの日本に対する評価は意図的なほどに低かった。さらに湾岸戦争を境に中東の人たちの日本を見る目が微妙に変化し、21世紀に入って起きたイラク戦争でさらにそれが顕著となっていった。

国づくりや人づくりが、その時々の国際政治や外交戦略と無関係では成立しない。だが、技術者たちのプロジェクトにかける思いは、それらを超越したピュアでイノセントな心情に立脚しているのだ。白いものが目立ち始めた加藤の髭が、そのことを寡黙に訴えているように見えてくる。

豊かな感性と創造力の「真心」

若い技術者や学生たちに、加藤はこう語りかけた。

「海外で仕事をするには、まず日本語と日本文章を正しく使えることが第一条件です。日本語でしっかり表現できる能力がなければ、異なる言語で相手に自分の気持ちを伝えることができません。ですから日本で活躍できる人は海外でも活躍できます。言葉が不自由でも心は伝わります。相手は、言葉で人を見ず心で人を見るのです」

語学力を否定しているわけではない。英語やその国の言語に堪能であることに越したことはない。でも言葉が、誠意や熱意を上回る力を持っていないことを、加藤は長い海外経験で痛感してきた。

自分の祖国の言葉や文章を正しく使いこなせない人は、よその国で活躍できない現実を、幾度となく見てきた厳しい正論である。

「どの国に行っても、その国のレベルでものを見る視線が大事です。そう思っていても、相手の目線で見ることは意外に難しい。その国の文明の度合いを知ることは比較的簡単ですが、文化を理解するのは難しいからです。でもその国の人たちの心や価値観は、その国の自然、歴史、地理などの風土によって培われてきた文化に根付いたものなのです。相手の目線で見られるようになったら、あなたが相手に受け容れられたことで、仕事がぐんとしやすくなります。プロジェクトの成功の鍵もそこにあります」

加藤自身も、時間が1世紀前に戻ったような風習や光景に出会ってショックをうけたことが何度もあった。

「そんな時にはネガティヴに考えず、こんな事に遭遇できる機会は滅多にあるものではない、これは貴重な体験の財産になるとポジティヴに捉え、積極的に観察、見物した方がいい」

これは楽観の精神ではなく意欲の精神である。次の言葉にもそれが表れている。

「海外に向いている人と向いていない人との明確な違いなどないけれど、海外で仕事をしてみたいと思う人は、それだけですでに海外に向いている人です。ある商社が海外勤務に適した性格を見る目安として、社内や学内に友人が多い人、知らない町を散歩するのが好きな人、喜怒哀楽を率直に出せる人、をあげていますが、的を射ているかもしれない。情報通信機器が発達した時代ですから、海外にいても日本の友人に相談して知恵や知識を借りることができる。これは異国にいても勇気づけられ、思いのほか助かるものです。知らない町を散歩すると思いがけないヒントを得たり、アイディアが浮かんだりする。コンサルティング・エンジニアにとって旺盛な好奇心は大事な資質要素です。喜怒哀楽は自己表現の手段ですから、自分の考えや技術をアピールするうえでも、率直に出した方がいい。感情を表に出さない人は、心を許していないせいだと誤解される場合もありますから。でも一番大切なのは、感性の鋭さです。人、モノ、自然の愛情や変化を敏感に感じ取れる感性が、国境や民族を越えた視線や真心を創り出すのです」

この加藤の言葉が、海外に向き不向きな性格を論じているようには見えない。現在の日本の社会構造や教育環境から、豊かな感性や創造力を持ち、活躍の場を海外に求め夢を託す若い技術者が生れてくるかどうかを、心配しているように見えるのだ。

海外のプロジェクトでは、政策、計画段階で新しい発想や技術を積極的に取り入れることを事業者が要求し歓迎する。そのことが技術者の新たな向学心や挑戦意欲を高める結果を生み出している。それに比較して日本では、新しい技術や工法の採用には非常に慎重になる風潮が強い。それが大学教育にも少なからず反映されていて、既存の論文や事例にこだわらない学生たちの自由な発想や創意を抑制してしまっているのではないだろうか。

でも、そうした社会や教育を形成したのは大人たちである。

まるでそのことを詫びるように、そして若者をいたわるように、加藤はこう呼びかける。

「高校生の時に聴いたラジオの受験講座で先生が言った、一心を込めて射た矢は硬い岩をも貫く、の言葉が忘れられない。こうありたいと思い続けていると、いつかそれが実現するものです。特別な人間である必要はありません。普通の人でいいのです。興味を膨らませていれば、それがきっと目の前の現実になるのです」

中国の古典・史記の〈一念、岩をも徹す〉〈石に矢の立つ試しあり〉を引用したこの言葉が、少年時代から現在までの加藤の生き越し方に重なってくる。

土木技術者がもたらす国益

ひとりの学生が、「将来、海外で活躍したいのですが、心構えと方法を教えてください」と質問した。

自分の子どもより若い学生のその質問に、笑顔で加藤は答えた。

「観光旅行ではなく仕事に行くのですから、初めは誰でも不安です。不安を隠したり恥たりすることはありません。いきなり海外勤務を希望する方法もあるが、日本のプロジェクトを経験し、自分に合ったジャンル、得意な技術分野が見えてから海外に行く方法もある。その場合、日本での失敗例をしっかり覚えていくことです。これが意外に海外で役に立つ。日本での成功例は海外であまり役に立たない。なぜなら、日本国内の基準や仕組みに合っていたから成功したのであって、価値観や基準が異なりプロジェクトの執行形態も違う海外で、日本の成功例が活きる要素は少ないからです。日本のやり方に固執するのはかえってよくない」

「得意な技術分野を選ぶときに、人がやりたがらないジャンルを選択するのも一つの方法です。人の嫌がることをやった方が、技術や発想に幅が出てくるし、競争相手が少ないメリットがある。だいいち〝誰でも出来る〟ことをやっても面白くないでしょう。でも、好きなものだけをやっていると、知らぬ間に落とし穴にはまってしまうスキが出てしまうから要注意です」

「海外における日本のコンサルタントの強味と弱点は何ですか」という質問が出た。

「多くの途上国で、その国の人たちの目線に立って、同じ土俵の上で一緒に国づくりをしてきた実績が日本の大きな強味です。基礎的なインフラ整備からスタートして、農工業の振興や経済発展のきっかけをつくり、さらに都市計画、地域形成まで一貫して携わってきたプロセスで得たノウハウは、どの先進国よりも緻密で膨大なものです。コンサルタントの技術領域も、設計、施工監理だけでなく、環境、教育、保健、格差是正や自立化支援など多様な意義と目的を組み合わせたプロジェクトの企画、実施、管理、運営など急速に拡大している。そうした総合コンサルティングにおいて、これまで蓄積してきたノウハウが活かされ付加価値を発揮するはずです。また、日本のコンサルタントは、契約仕様書にないことでも、『できる限りのことをやってやろう』と時間を惜しまずやってきたことです。そのことを途上国の人たちはしっかり見ています。口には出さなくても、高く評価してくれているのです。これは欧米のコンサルタントにはない日本の貴重な競争ファクターです」

政治的な対日感情とは異なる次元の、日本人技術者たちに感謝する対日感情が存在していることを知らされる。

「日本のコンサルタントやコントラクター〈註〉が行う仕事の品質の高さには定評があり、これも国際競争における有利な要素です。難易度が高く条件の厳しいプロジェクトになると、日本のコンサルタントを希望する国があるほどです。パキスタン北部で起きた地震の際に、揺れの大きかった地域のほとんどの学校が倒壊したのですが、日本の経済援助で日本の企業が建設した学校だけが壊れずに残った。高い品質と丁寧な仕事が証明されたのです。日本が誇れる強味です」

「弱点のひとつは、価格競争力にあります。最近は中進国のコントラクターと価格を競うプロジェクトも増えており、人件費の高い日本の建設企業は苦戦を強いられる原因になっている。もうひとつは技術をアピールする表現力の不足です。計画提案、技術提案、工法提案などにおいて日本勢は欧米勢よりも、代替案、比較案の数が少ない弱さがある。でも最近は途上国においても、価格の安さだけでなく、工期の正確さや品質の高さによるメンテナンスの軽減などのトータルコストを考慮した入札審査、業者選定、契約方式などが用いられています。だからこそ、日本の技術力をアピールする必要があります」

「これは個々の日本人技術者にも言えることです。日本人は最初から最良案、模範解答を出そうとする傾向が強い気がします。提案の内容と数が多いほど技術力を表現できるのですから、いくつもの案を示して、相手に選んでもらった方がいい。相手側が検討し選択するプロセスこそが、技術の豊富さや技術者の能力をアピールする絶好の舞台になるのですから、積極的にプレゼンテーションすべきです。技術者個人の能力、実力、パフォーマンスが受注を左右する要素と度合いが非常に高いことを知ってください」

日本では個人より組織が優先するため、企業の組織力や知名度の中に個人の能力が埋没してしまう。国際市場はエンジニア個人の実力を競い合い認め合う世界である。組織の力を後ろ盾にせず、熾烈な競争を勝ち抜いてきた戦歴が、エンジニアの評価の高さと勲章なのだ。だから感性と技術力を磨いて欲しい、それが報われる世界に挑戦して欲しい、そんな加藤の気持ちが込められている。

「災害、復旧などの緊急対応プロジェクトに迅速に対応するための指名人材プール制度や、防災セクターを創設する国際的な動きが出ている。政府開発援助（ODA）〈註〉もハードなインフラ整備支援から事業経営型の支援に変化しており、政府案件だけでなく官民協働案件、さらには複数の国の共同案件などが発生してきます。技術者はより高度で奥深い能力と、事業をサイクルで捉える視点が要求されてくる。つまり技術者の可能性と未来が広がるのです。さまざまな分野の専門技術者の能力を結集して、世界中のプロジェクトに参加し、そのプロジェクトが生み出す成果や価値を見届ける〝技術者集団〟の担い手になるのは、あなた方の世代です」

英国のマーガレット・サッチャー首相が「1人のコンサルタントを海外に出すと、3倍から4倍の国益となって戻ってくる」の言葉を遺している。革命的なまでの大胆な行政改革を断行し〝英国病〟を克服した彼女の言う国益とは、経済的リターンだけではなく、国際貢献、友好関係、安全保障など1人のエンジニアが生み出す有形無形の価値のリターンを指している。彼女がこの名言をはいたのは30年前だった。いま日本で「国益」

なる言葉が盛んに用いられているけれど、土木技術者の海外での活躍を国益に重ね合わせて見る視点が、この国の中にはたしてどれだけあるだろうか。

若者たちに語りかけてきた加藤が、こう締めくくった。

「国境をまたぐ巨大プロジェクトがこれからたくさん出てきます。そのプロジェクトに参加するのが私の夢です。国と国をつなぐインフラを共有しあうことが世界平和につながるからです」

シビル・エンジニアリング〈註〉の言葉は、ミリタリー・エンジニアリングと明確に区別し対比するために創られたものであろう。土木技術者の仕事には平和の願いが込められている。地球の平和を創り出すのはミリタリー・エンジニアリングではなく、シビル・エンジニアリングの力であることを、人類が目の当たりにするときがやってくるはずである。

「ひも屋」を自認する加藤が掌の中に持っている「ひも」は、その地球の平和に向って伸び続けている。

インダス河西岸に沿って南北に 1200 km 伸びるインダスハイウェイの、コハットトンネルの開通式（写真中央が加藤、後方が北坑口）。加藤はプロジェクトマネージャー〈註〉として、日本とパキスタンの友好のシンボルであるこのプロジェクトを担当した。

内戦や洪水などで傷んだプノンペンから北上する国道 6 号線の 42 km の道路と橋梁の改修が、日本政府の無償援助で行われた。橋梁の開通式典で、フンセン首相（白いスーツ姿）と並んで渡り初めをする加藤の胸に、赤いリボンが光っている。

II 「海外土木屋人生25年」

老技師が言った『YOU ARE MY FAMILY』

土屋　紋一郎

リハーサルのない土木のドラマ

20世紀半ばに誕生した都市国家シンガポールは、建国以来、東南アジアの金融センターとして発展してきた。その金融都市・シンガポールを象徴するのが、近代的な高層ビルの立ち並ぶシェントン・ウエイ金融街であり、そこに「リパブリック・プラザ」がひときわ高くそびえ立っている。赤道直下の空に伸びるこの超高層ビルのデザインは、日本の建築家・黒川紀章氏の設計によるもので、1987年（昭和62）の世界最優秀建築賞を受賞している。

シンガポールで最も高いこのビルの基礎を建設したのが日本の土木技術者たちであり、そこに土屋紋一郎がいた。

地下1階、地上66階、高さ285メートル、鉄筋コンクリート造のリパブリック・プラザの重量はざっと30万トン。その巨大なビルの重さを支える14本の大口径ケーソン杭〈註〉の基礎を造り出したのだ。ケーソン杭の直径は5メートル。長さは中心部の6本が80メートル、周辺部の8本が40メートル。その杭のコンクリート打設量は優に高層ビル1棟分に匹敵する。ビルが林立する金融街の真ん中での厳しい制約や条件と闘いながら、土屋は所長と二人三脚で、その巨大基礎をわずか1年半で完成させた。

1日24時間絶え間なく金融情報が飛び交う都市の地下で進められたその土木プロジェクトを紹介してみる。

地下に長大な大口径杭を構築するための大深度掘削工事は、土木工事の中で最もデリケートな技術を要求される工事のひとつである。掘削に伴う振動、地盤沈下、崩壊、地下水圧変化などによって発生するさまざまな現象を想定、検証し、その影響を最小限に止どめなければならないからだ。しかし、リパブリック・プラザのそれは、まるで大深度掘削工事を初めから拒否しているような条件がついていた。基礎工事を行う場所からわずか13メートル離れたところを、地下鉄が走っていたからである。しかも地下鉄のトンネルは地下水の多い地層に建設されていたのだ。

「地下鉄は水に浮いている設計になっていた。だから、掘削によって地下水が上下することは絶対あってはならない」

この難問をクリヤーするために、孔口の軟弱地盤を山留めでおさえ、その外側を入念にグラウト〈註〉し、2メートル掘削するごとにコンクリートの輪で孔壁崩壊を防ぐ工法を採用する。これで地下水位の変動を阻止することに成功したが、この工法で1本ずつ掘削していては、とても工期に間に合わない。6本あるいは7本を同時施工で掘り進めていった。

だが、さらに土屋たちを悩ませたのが、シンガポール島の不規則で複雑な地盤だった。

「全くボルダー〈註〉に当らずに掘り進められる杭がある一方で、直ぐ横の5メートル離れた杭では、絶えずボルダーに当り続ける。それぞれの杭の地盤がそれぞれに異なっていた」

そしてついに、手掘りもバックホー〈註〉も寄せつけない硬い岩盤が出現し、発破以外に掘削の方法がなくなった。発破には振動が伴うのは必然である。しかし、着工前に地下鉄会社から示された振動の許容値は、15ミリ／秒以下というものだった。

「15ミリという基準は、ほとんど振動を伝えてはいけない数値なのです。つまり、発破は使えない。でも、発破しか手段がない」

それをどう克服したのだろうか。

「連日連夜、試行錯誤を繰り返し考えあぐねていた時、地元の協力業者から、時間差起爆を操るプロフェッショナルのイギリス人がいることを聞き、さっそく彼に連絡した。イギリスからやってきたその発破技師は60歳ほどの年配者で、彼は綿密な設計をして直径5メートルの中に100発を超える爆薬を仕掛けた。その爆薬も彼自身が特別に調合したもので、それを1発ずつ微妙な時間差で爆発させていくわけです」

まるで繊細な外科医のように、地中の岩盤に正確に爆薬を埋め込んでいく緊迫したその作業を、全員が祈るように見つめた。

最初の1発を起爆させる時には、所長も土屋も極度のジレンマに陥った。もし15ミリを超える振動を発生させたら、それは工事の中止を意味していた。そして最初の発破。地下鉄のトンネル内に設置した振動測定器の記録は13ミリであった。一回の発破ごとに振動を観測しながら、次々と起爆させていったが、測定器の数値が13ミリを越えることは最後までなかった。胃の痛くなる緊張感からようやく解放された。

それにしても、発破技師の魔術のようなプロの技と、それに工事の命運を賭けた決断に感動せずにいられない。リハーサルや実験の許されない「土木のドラマ」である。

こうして掘削を完了させた大口径の縦坑に、いよいよコンクリートを充填させることになった。土屋はシンガポールにある5箇所のバッチャープラント〈註〉から生コンクリートを現場に同時輸送させ、縦坑の中に生コンを落下させて一気に充填する方法をとった。

この時に土屋が心配したのは、水とセメントが分離して比重の軽い水が上部に浮いてくる現象だった。それを抑えるために高性能減水剤を使用し、何回も何回も試験練りを繰り返した最小水量のコンクリートを流し込んだ。これが見事に成功した。

「予想以上に分離がなかった。最後に200リットルほど水が出ましたが、それをポンプですくい上げて仕上がりです。別のビルの基礎工事では、水をポンプで吸い上げながらコンクリートを打っていく方法をとったために、とても苦労したと聞いています。我々の技術力の高さを証明できたのです」

クリスタルカットの「リパブリック・プラザ」は、強い日差しを反射させて屹立している。だが、そのビルの下に、土屋たちが造りあげた巨大な基礎杭が地下深く屹立していることを知る人はほとんどいない。そしてそれは、永久に人の目に触れることなく、ひたすら寡黙にビルを支え続ける「土木」である。

紙幣と切手に印刷された橋

ラオス紙幣の1万キープ〈註〉札に橋が印刷されている。大河メコンに架かる「パクセ橋」である。メコン河の水面にその姿を映して伸びる１３８０メートルのこの橋は、経済発展の希望を託すラオスの人たちの心を象徴するモニュメントである。

そしてパクセ橋は、土木技術者・土屋紋一郎にとっての記念碑でもあるのだ。まだ37歳だった土屋が、初めてプロジェクトマネージャー〈註〉に任命され、完成させた事業だからである。

ラオスを北から南に貫いて流れているメコン河に架かる橋は、首都ビエンチャンから隣国タイに渡る橋の1本だけだった。そのため首都近辺以外の地域の人たちは、メコン河の横断をフェリーに頼っていた。フェリーと言ってもボロボロに老朽化したタグボートで小さな台船を牽引して人や物を運ぶだけのひどく心許ないもので、乾季には水位が下がり露出した河床に航行をさえぎられ、雨季には増水した河に台船が流され対岸にたどりつけないことさえあった。

こうした不安定で危険な輸送を解消し、ラオス南部の農業や産業を振興するために、ビエンチャンからはるか５００キロ南下したパクセの町に、日本の無償援助でパクセ橋が建設されることになった。１９９７年（平成９）のことである。

土屋はその年の夏休みを返上して見積書を作成、それが首尾よく一番札となった。9月に契約を済まし10月に現地に入った土屋が見たのは、両岸の熱帯の緑を飲み込むように広がる、まるで洪水がそのまま河になったようなメコンであった。中国の山岳部に水源を持ち、ラオス、カンボジア、ベトナムを流れ下り南シナ海に注ぐメコン河の最大の特徴は、雨季と乾季の水位が著しく変化することにある。パクセの地点ではその水位の差が最大12メートルに及び、水位が上昇する雨季は5月末から翌年の2月ごろまで続く。土屋が現場に入った10月は最も水量の多い時期だったのだ。

土屋は滔々と流れるメコンを前にして、雨季と乾季とでは全く異なる表情と性格を見せる大河を相手に、安全に効率よく橋を建設するにはどうすべきか、着工から竣工までのストーリーを考え、シナリオを書き上げた。

橋の構造は変断面プレキャストセグメント〈註〉のＰＣ橋で、各径間が１００メートル、最大スパンは１４５メートル、河川部のピア〈註〉が12基の設計である。下部工事は水位の下がる乾季に終了させなければならない。土屋は雨季の間に、可能な工事と下部工事に必要な準備と態勢をすべて整えた。橋の主要資材となるコンクリートを生産する簡易バッチャープラント（55㎥／時）を2カ月で立ち上げた。下部工構築の時間を短縮するために、杭工事をしている時期にプレキャストのパネル〈註〉とカーテンウオール〈註〉を作っておき、杭工事が終わったら型枠代わりにして組み立てた。セグメントはロングライン方式〈註〉で作成したものをトレーラーで運び、ガントリートラス〈註〉で架設した。

こうした土屋の工夫に応えたのが、選抜されて集まった清水建設の社員、インドネシア、マレーシア、タイ、スイス、オーストラリアなど10カ国を超える国から参加した専門業者と専門技術者たちと、ラオスの大勢の作業員たちだった。

「作業所内ではいろいろな国の言葉が飛び交っていたが、それぞれの習慣、文化を尊重する雰囲気が生れ、それが多国籍のワーキングチームの結束を強くし、不思議なほどスムーズにことが進んでいった。工事の節目ごとに慰労会を開催し、スタッフが自分の国の料理を作って仲間に振舞ってくれた。なかには国際結婚したカップルもいたほどです」

「建設に従事するラオスの人たちは真剣そのもので、一日も早く橋を完成させようという意欲で目が輝いていた。最新技術を駆使した工事に自分が参加し、計画通りに建設が進む橋を見つめる彼らの背中には、誇りさえ感じられました」

かくてパクセ橋は、着工から34カ月、工期を3カ月も短縮して完成した。2000年8月2日、ラオス政府による盛大な開通式が行われた後に、土屋が全く予期しなかったもうひとつの〝開通式〟を目の当たりにする。

「開通式が終わり橋が一般に開放されると、どこからともなく人々が橋に押し寄せてきたのです。あっという間に歩道が人々でいっぱいになり、その中には橋の建設に従事した人たちが家族を連れてきて、自分の架けた橋を誇らしげに語っている光景がいたるところにあったのです。もう台船を使わずに、いつでも歩いてメコン河を渡れる橋が完成したことを喜び合っている顔を見て、涙がこぼれた。あの感動は土木を志した者だけが味わえるものでしょう」

プロジェクトマネージャーの初仕事は大成功であったが、土屋がそこで学び体得したことは計り知れない。それがその後のプロジェクトで難関や難題に遭遇するたびに、新たな意欲と知恵を生み出すエネルギーと自信になったことは、土屋自身が一番よく知っている。それは大河メコンが土屋の土木を受け容れ、そして大河メコンが土屋に無言で手渡してくれた贈物であった。

大幅に工期を短縮し見事に完成した20世紀最後の年のセンチュリー・プロジェクトを記念し、そして日本への感謝を込め、ラオス政府はパクセ橋を絵柄にした切手シートを発行した。そのシートにはラオスと日本の国旗がデザインされ、LAO–NIPPON BRIDGE 2000の文字が並んでいる。土屋が完成させたラオスとタイの両岸をつなぐ橋は、紙幣と切手の中でも生き続けている。そしてパクセ橋は、土屋が「海外土木屋人生」からいよいよ離れられなくなる川を、土屋に渡らせた橋でもあった。

入社2カ月で海外現場へ

大学で交通工学を専攻した土屋が就職先に選んだのが清水建設だった。1982年（昭和57）のことである。日本経済が石油ショックの後遺症から抜けきれず、低迷していた国内の建設市場をカバーする意味もあって、日本のゼネコンが海外に市場を求めていた時期である。とくに原油価格の高騰が生み出す莫大なオイルマネーを掌中にした中東諸国が、活発な建設投資によるインフラ整備を急ぐなかで、産油国との良好な関係を強化したい日本政府の思惑を背景に、70年代後半から日本のコントラクター〈註〉がこぞって中東地域に進出した。清水建設もドバイやクウェートの発電所、イラクの首都バグダードの大規模な住宅プロジェクト「ハイライズ」などを受注し、海外事業部門が脚光を浴びていた。

でも、土屋は「海外」を意識して清水建設を選んだわけではない。活気のある建設工事現場の息づかいが好きであり、その気持ちを社会資本整備に活かしたいとゼネコンを選んだのだ。

4月の正式入社を目前にした3月、土屋に清水建設の人事部から電話がかかってきた。「土屋君、君を海外本部に配属したいのだが」。土屋の「海外土木屋人生」は、この1本の電話からスタートしたとも言える。

「あとで人事部の人に聞いてみると、面接の時に僕は『海外でもどこでも行きます』と言っており、エントリーシートにも『場所を選びません。どこでも尖兵となって開拓します』と書いたことが、決め手になったというのです。新入社員を採用する際にエントリーシートの中身を重要視しているのです。これから入社試験を受ける人は、エントリーシートに自分の考えをしっかり書いてください」

この年に清水建設に入社した土木の新入社員は50人、そのうち海外本部に配属されたのは土屋を含めて2人だった。50人が一緒に2カ月間の新入社員研修を終えた6月に、土屋はインドネシアに飛んだ。海外赴任のための特別研修を受けたわけでもなく、外国語スクールに通う時間もなかった。土屋の新人教育は、いきなり海外の工事現場から始まったのだ。

23歳の土屋がインドネシアで向った先は、スマトラ島の北の端にある港町・バンダアチェのセメント工場建設現場である。ヨーロッパのセメント会社グループが発注した工場建設の基礎工事、サイロ建設、輸送道路工事などを清水建設が担当していた。

バンダアチェの市内にある清水建設の宿舎を訪ねた土屋は、不思議な体験をする。宿舎は、各部屋が独立した「はなれ」のように作られ、渡り廊下でつながるその地域特有の造りになっていた。

「その渡り廊下のシーンが、どこかで自分が見たことのあるシーンだった。錯覚にしてはあまりにもリアルな心象で、自分はここに来ることを運命づけられていたのだと思った。いまでもあの時の印象が鮮明に浮かんでくる。」

初めて行った国で初めて見たはずの風景が、瞬時に遠い記憶の中の風景に重なり、しかも、自分がいつ記憶にしまい込んだのか定かでないその光景と、目の前にある光景が全く同じなものだから不思議な感動にぼう然となることがある。土屋の海外赴任の第一歩がこうして始まった。

「作業所の所長のはからいで、英語の教師から週2回、英語とインドネシア語を習うことになった。インドネシア語は母音が多く単語が短いから、聴き取りやすく覚えやすい言語です。英語が得意でなかったこともプラスに作用した。なまじ英語を話せると、英語の発音やスペルを意識してしまい、第2外国語がスムーズに頭や耳に入ってこない要因になるのです。現場での先輩や労働者たちの会話を手帳に書きとめ一語ずつ修得し、3カ月ほどである程度しゃべれるようになった。そうなるとぐんと視野が広がり、現場を追っかけられるようになるものです」

「現場を追っかける」とは、工事の進捗に沿った手順や段取りを理解した実践的な思考や行動のことである。それは土屋が、土木技術者と現場の魅力をはっきりと自覚した証しでもあった。

「一日の仕事が終わると、現場から宿舎までインド洋に沈む夕日を見ながら帰りました。毎日毎日、実にきれいな夕日でした」

スマトラ、ジャワ、バリなどインドネシアの島々の西海岸では、インド洋の水平線に沈んでいく太陽を目線と同じ高さで見ることができる。天空を紅く染める雄大な夕日は熱帯の国に自然が与えてくれた価値ある観光資源のひとつでもある。だが、２００４年(平成16)12月26日に発生したスマトラ島沖地震の大津波が、海面とほとんど標高差のない陸地を容赦なく襲い飲み込んでしまった。

「セメント工場は大津波でほとんど壊滅した。コンクリートの残骸がわずかに残っているだけで、見るも無残です」

多くを語ろうとしない土屋の無念さが伝わってくる。

「YOU ARE MY FAMILY」

入社2カ月で日本を旅立ってから25年、土屋が携わってきた建設工事は、インドネシア、香港、マレーシア、シンガポール、ラオス、バングラデシュ、フィリピンの7カ国、

11のプロジェクトに及んでいる。プロジェクトを重ねるごとに国籍を超えた仲間が増えていった。

「苦楽をともにして工事を完成させた達成感を共有した技術者同士は、また同じ喜びを味わいたいという強い気持ちがあるのです。だからその仲間たちは、私が声をかけるといつでも強力なパートナーとなってくれる。私の大切な人脈と財産です」

土屋にとってとくに感慨深い〝家族〟の話をふたつ紹介してみる。ひとつは、異国で誕生した土屋の娘さんのこと、もうひとつは、土屋が「親父さん」と呼ぶ老技師の話である。

1987年（昭和62）、香港のジャンクベイ汚水処理場を完成させた土屋はマレーシアに向う。マレーシア東海岸のトレンガヌ州の州都クアラトレンガヌ市の横を流れる3本の川の合流地点にあるふたつの島を跨ぐ全長2600メートルの道路・PC橋梁工事のトレンガヌ橋プロジェクトに赴任するためである。

香港に赴任したときに、奥さんと生後3カ月の長女を帯同したが、その娘さんはすでに2歳になり、奥さんは二人目の赤ちゃんを宿していた。出産のために奥さんを帰国させるか、クアラトレンガヌ市で出産するか、選択しなければいけない時がきた。

「日本でひとりで長女を出産したときの寂しさと心細さから、家内はクアラトレンガヌ市で次女を産みたいとの思いが強く、できれば彼女の希望をかなえてやりたいと思った。長女の誕生の知らせを海外で聞いた私も、こんどは出産に立ち会ってやりたいとの気持ちがあった」

だが、クアラトレンガヌ市にいる日本人家族は、土屋の家族だけであり、初めての土地ではたして無事赤ちゃんを産むことができるだろうか。土屋の心が揺れた。

「家内と二人で市内の病院を訪問して、医療事情や施設について聞いて回った。幸運にも州立の総合病院は建て替えられたばかりで、最新の医療機器と器具が備わっていました。産婦人科の医師は落ち着いた感じのインド系マレーシア人で、丁寧に説明してくれた誠実な人柄に好感が持て、クアラトレンガヌで出産する決意が固まった。自分の子供がこの世に誕生した瞬間に立ち会うことができ、大きな感動を二人で味わうことができた。あの感動は一生の思い出です」

「家内が産後に突然高熱を出した時に、中国系のマレーシア人医師が適切な処置をしてくれ大事に至らずに済んだ。人間はいろいろな人に支えられて生きていることを実感しました。次女はその後、クアラルンプールとシンガポールで小学4年生まで暮らして帰国、昨年成人し、現在は東京都内の大学に通っています」

奥さんとふたりの娘さんは、土屋の海外土木屋25年を共に歩いて支えてくれた家族であり仲間である。

土屋がフィリピンに赴任したのは2002年（平成14）。首都マニラから南に車で2時間のバタンガス市に建設するコンテナ専用港工事を、清水建設が地元のマリンコントラクター〈註〉とJV（共同企業体）を編成して国際競争入札で落札、土屋はプロジェクトマネージャーに任命されての赴任であった。

JV相手の会社に挨拶に行った土屋の前に現れた社長は、86歳にして2500人の社員を統率し、フィリピン国内を駆け回っている現役のシビル・エンジニアだった。

「物静かだが一分のスキもない。彼の含蓄ある言葉が、ものを見通す目の鋭さと確かさを物語っていた。同じ土木の世界で生きてきた者同士が対峙した時の緊張感が走った」

マニラにある彼の事務所と、バタンガスの現場を往復し予算管理や重要事項のすり合わせをしながら工事を進めて3カ月ほど経った時、彼が土屋にこう言った。「これからは全てをあなたに任す。あなたの承認は、私の承認です」。さらにその後の言葉が「YOU ARE MY FAMILY」だった。

「私は言葉を失ったまま彼の目を見つめた。ＪＶ工事では常に合意のもとで工事を進めるのが必須の条件で、その膨大な業務をどうこなしていくかがプロマネの任務です。その判断の全権を私に任せると言ってくれたのです。責任を一身に背負う重さを考えたが、自分より2倍以上も生きて土木に人生を懸けてきた86歳の現役シビル・エンジニアに認められた嬉しさの方が、はるかに大きかった。彼の心意気が全員に伝わり2社の一体感が生まれ、現場の運営がＪＶ工事とは思えないほど円滑に進んだ。あの時から彼は私にとってフィリピンの『Tatay』になったのです」

『Tatay』はタガログ語で「お父さん」という言葉である。

土木技術者は魅力的な人間

「海外の土木工事の魅力は、ゼロからもの造りを体験できることです。日本ではどの分野にも専門工事業者がおり、電話1本の指示で工事が進行する。でも海外では全て自分でアレンジしなければならない。それだけに現場に対する愛着も、無事に竣工した時の喜びも大きい。工事のスケールが非常に大きいことも魅力の一つです。プロジェクトマネージャーには大きな権限が与えられ、当然責任も重い。でもそれが土木技術者の醍醐味でもあるのです。さまざまな国の人たちと一緒に仕事をすることによって、国境や文化を越えた連帯や友情を実感できるのも海外だからこそであり、技術的な蓄積だけでなく、かけがえのない心の財産となる」

専門化、分業化が進んだ日本の建設生産システムの中で、有能な専門工事業者が育ち、施工技術の大半を専門工事業者が所有し、専門工事ごとに自主管理する体制を構築してきた。さらに、一つの工事を分割してより多くの業者に受注機会を配分する日本特有の発注システムは、大規模なプロジェクトをいくつかの工区に分け施工し合う形態を定着させた。そのために、土木技術者の権限と責任の範囲が限定されてしまい、一つのプロジェクトの計画から運営までの全体像を正確に把握できるプロジェクトマネージャーが育つ市場を狭めてしまったように見える。その視点に立って見ると、土屋が語る海外の土木工事の「魅力」は、現在の日本の土木工事では味わえない「魅力」であることを知らされる。

海外における土木工事の成功のエッセンスをあげてもらった。

「土木工事は自然との闘いです。それぞれの地域と国の自然条件を的確に把握していることが大前提となる。気象、海象、地盤、土質、地下水位、季節による河川水位変化、地震の有無などの情報やデータを事前につかんでおくことです」

「次に異文化を理解する心が不可欠です。その国の言語と、その国の価値観で物事を考えることです。そして、その国の人たちに対して常にフェアな態度と行動をとり、『尊敬』と『信頼』の念を持って接することです。そうでなければ決して成功しません」

「計画は出来る限りシンプルに組み立てる。国籍や文化の異なる多くの人が参加して仕事を進めるのですから、シンプルで分かり易い考え方に立った計画ほど、正しく伝わり理解を得られる。さらに、現地で入手できるものを利用することが大切。機械を使えば簡単に出来る事でも、まずマンパワー〈註〉でやることを考えてみる。機械は便利ですが故障します。維持管理も必要です。とくに最近の機械はコンピューターが組み込まれており、壊れたら修復に時間やコストがかかる。マンパワーの方が、確実性が高いことを知っておくべきです。自己完結の精神と能力を養うことも重要です。一人で全てをやるという意味ではなく、難問や不測の事態に遭遇した時に、自分の判断と決断で解決策を導き出すという意味の自己完結です」

「私が考えるプロジェクトマネージャーとは、もの造りに情熱を持っていること。未知のものに挑戦する勇気と実行力があること。どのような環境にも適応できる体力と精神を備えていること。スタッフを指導しまとめあげる力があること。鋭い感性に基づくバランス感覚があること。人を惹きつける人間力を有していること」

土屋があげたこのプロジェクトマネージャー像は、土木の世界だけでなく、あらゆる分野におけるプロフェッショナルや指導者に要求される人間像でもある。土木技術者は土木技術のプロフェッショナルであると同時に、どの世界でも通用する人間としての素養を求められていることを教えてくれる。つまり優れた土木技術者は魅力ある人間なのだ。そして、その魅力の正体は、自然にも人間にも等しく誠意を持って向き合うシビル・エンジニアリング〈註〉そのものなのだと考える。

これまでいくつもの異国の地で、極度の緊張や修羅を経験してきたはずの土屋の表情が、意外なほどに優しく穏やかで、まだ青年の面影を失っていないのは、「土木は自然との闘い」と言いながら、実は「自然と握手」してきたからではないだろうか。

土屋は、日本の土木工事を経験していない日本人土木技術者である。海外の現場でものを造り続けてきた日本人である。

その土屋紋一郎が、土木技術者を志す日本の若者たちに呼びかけた言葉が「夢を実現する場が世界にあります。大志を抱け」であった。土屋の姓の中に「木」を入れると「土木屋」になる。その「木」は「気」であり「心」なのかも知れない。

シンガポールの金融街にひときわ高くそびえ立つクリスタルカットの「リパブリック・プラザ」。地上66階、高さ285m、重さ30万トンのこの超高層ビルは、土屋たちが造りあげた直径5mの14本の巨大な基礎杭によって支えられている。

土屋が初めてプロジェクトマネージャーとなったパクセ橋の建設工事は、雨季と乾季で大きく水位を変えるメコン河を相手にした時間との闘いだったが、工期を短縮して完成。ラオス政府は感謝を込めてパクセ橋竣工記念切手シートを発行した。

III 「地球公共財を創る土木技術者」

「飢えた子を前に何ができるか」を問いながら

吉田　恒昭

転職ではなく天職だった

吉田恒昭。現職は東京大学大学院新領域創成科学研究科国際協力学専攻の教授である。

「国際協力の最前線で政策を立案し、それを執行できる能力を備えた人材が一人でも多く育って欲しい。そのために自分の経験と知識を次世代に伝え、役立ててもらうのが今の私の仕事」

教授になるまでの吉田のプロセスを見てみる。

１９７１年（昭和46）、東北大学土木工学科を卒業し日本工営に入社、インドネシアのブランタス河流域開発に携わり、コンサルティング・エンジニア〈註〉としての第一歩を踏み出す。このブランタス河開発は、１９５０年代半ばから開始された日本の戦後賠償事業のひとつで、その後政府開発援助（ＯＤＡ）〈註〉に移行して半世紀以上経った現在も行われており、日本の海外技術支援事業のシンボルとも言えるプロジェクトである。ブランタス河の氾濫防止から始まった事業が、灌漑、発電、地域開発へと領域を広げ、それが農業基盤、経済基盤、人材基盤をつくり出している実態を見た吉田は、インフラが秘めている可能性の大きさと、それを有効に引き出すプロジェクト計画の重要性を痛感する。

そこで吉田は、戦後日本の復興と国際化の立役者であった大来佐武郎・元外務大臣が設立した財団法人・国際開発センターの開発エコノミー・コースに、国内留学のかたちで席を置く。入社3年目のことである。この時に受けたA. K. Sen 教授（98年ノーベル経済学賞受賞）の講義が、「インフラ造りの計画と事業評価」に対する吉田の関心をさらに募らせた。吉田はSen 教授を頼ってロンドン大学に留学、同教授とP. Dasguputa 教授（現・ケンブリッジ大学経済学部長）の下でプロジェクト評価理論を学び、論文『プロジェクト評価理論の途上国への適用可能性について』を書き上げる。1977年（昭和52）に帰国し国際開発センターの研究員となって日本のODAの政策立案に携わり、中東、アジアなどの途上国を飛び回る日々を重ねた。

そして1981年（昭和56）、吉田にとって念願でもあったアジア開発銀行（ADB）〈註〉に就職する。15年間に及んだADB在籍期間に吉田が体験し体得した途上国援助、経済協力のあり方の考察と理論は、国際援助機関や金融機関が注目した『社会基盤整備と経済発展―日本の経験とそのODAへの適用』の論文（英文）に集約されている。

1997年（平成9）、ADB本部のあるマニラから帰国、大学の教壇に立った。

あえて吉田の経歴を書き連ねたのは、彼が歩んできた道そのものが、土木工学とは何か、土木技術者の役割とは何か、を問われている日本のシビル・エンジニアリング〈註〉の答を見出せるストーリーになっているからである。

くどいけれど吉田が選択した道をもう一度整理して見る。大学を卒業してコンサルタント企業に就職し、プロジェクトの調査・設計をする立場で国内と海外の現場を経験。次に、経済学の視点から独自のプロジェクト評価理論と開発政策の整合性を研究。その次に、開発援助を行う国と援助を受ける国の、行政の視点からインフラ整備を見つめる。さらに、アジア開発銀行時代は国際公務員の立場で、プロジェクトの計画・評価・審査・政策調整・運営管理・事後評価などに携わる。視点と立場を変えながら、ひたすらインフラ・プロジェクトと向き合い続けてきたのだ。

でも吉田がたどって来たプロセスは、もはや土木工学、土木技術者の範囲を超えているようにも見える。

「いや、もともと土木工学は範囲や領域を限定できない文明工学なのです。インフラは、人々の潜在能力を発現し希望を叶えるための基盤であり、経済・社会開発を支える基盤です。そのインフラを造る土木工学は、人文科学、社会科学、純粋科学の総合知を集めた文明工学、社会基盤学です。ですから、良いインフラ・プロジェクトは三つの科学領域を満たしている。優れたインフラが大きな効果や価値を生み出し、それがコミュニティ、国、地域、そして究極的には地球の平和構築と人々の持続的進歩につながるのです」

土木工学は、人文科学（文学、哲学、芸術など）や社会科学（法律、経済、教育など）や純粋科学（数学、化学、生態学など）の総合知の上に成立する文明工学だとする吉田の言葉に、あらためて「シビル・エンジニアリング」「シビライゼーション」の本質を教えられる。私たちはこの本質を忘れていたのではないだろうか。総合学問、総合工学であった土木工学を、専門細分化した学問や工学にしてきた過程で、「文明工学としての土木工学」を見失ってしまったような気がしてならない。科学の進歩によって領域が専門化、細分化するのは必然であるけれど、だからこそ土木工学は、吉田が指摘するように各領域の総合知を結集した社会基盤学でなければならないはずなのだ。その土木工学を吉田はひとりで体現、具現しようとしてきたように見える。

「おかげで、日本の企業の社員、国家公務員、国際公務員など、国内外の6種類の年金加入手帳を持っています。日本ではひとつの職場『一所』において『懸命』でなくては不徳であり、転職はいささか社会懲罰を受ける風潮がありましたが、これからは転職を通して職場や社会が活性化されるという意味において、『多所懸命』も評価されるかも知れません」

吉田がインフラと向き合ってきた国やオフィスはいくつも変わったが、その道筋は、地球の平和につながるインフラ造りを求め続ける一直線の軌道から一度も外れていない。つまり、転職ではなく天職だったのだ。なぜそれを吉田は天職にしたのだろうか。

ひとりでアジアに向かう

吉田は1946年（昭和21）生まれである。だから第二次世界大戦を知らない。だが敗戦前後に生まれたこの世代は、戦争を過去の出来事として割り切ることができない心を抱え込んで少年時代を過ごしている。ひとつは、戦争中に日本がアジアの国々に侵略したことへの〝贖罪〟にも似た意識である。もうひとつは、国連が中心となって二度と戦争が起こらない地球国家が実現するという期待である。

やがて少年たちは、罪の意識を捨てようと努め、期待は幻想なのだと言い聞かせて青年になった。そのやるせなさや虚しさが、反戦フォークソングを流行させ、学生たちを学園紛争に駆り立て、社会に背を向け駅前で夜を明かす若者たちを登場させた一因であったのかもしれない。

その時期に吉田は、同世代のそうした行動や世相と離れた位置に自分を立たせ、少年時代に抱え込んだ〝罪の意識〟を募らせながら、アジアを見つめていた。

「戦後生まれの私が太平洋戦争と無関係と言ってしまえば、日本人としてのアイディンティティが危うくなる。アジアの人々とどう間合いをとるべきか」

吉田が大学で「中国語」を選択したのもそのためだった。

「すぐ隣の中国には9億人の人が住んでいる。アジアを知るには中国を知る必要がある。それは啓示にも似た直感だった。でも工学部の学生で中国語を取ったのはわずか数人で、間もなく誰も教室に来なくなり私だけが残り、先生の研究室で個人指導を受けるかたちになった。これほど理想的で恵まれた教育環境はない」

このマンツーマンの講義が、朝日新聞社主催の中国語弁論大会に出場するほどに、吉田の中国語を上達させた。

祖父や父の世代がつくり出したアジアと日本の不幸な歴史に、自分はいかに向き合い何をすべきか思索を繰り返していたそのころの吉田に、強い示唆を与えてくれた人物が二人いる。

ひとりは歴史家で政治学者のE・H・カーである。

「カーの著書『歴史とは何か』の〈歴史とは過去と現在との間の対話である〉〈歴史とは過去が未来に行き着く旅である〉の文章を読んで、何かがふっ切れた感じがした。アジアの人々と一緒に開発の仕事をすることで未来を共有し、歴史を乗り越えることができるかも知れないと思えたのです」

もうひとりは文学者で実存主義哲学者のJ・P・サルトルである。

「サルトルの〈文学者は飢えた子を前に何ができるのか?〉という問いかけを、〈土木工学者は飢えた子を前に何ができるのか?〉と自分に置き換え、その答を出さなければいけないと考えた」

吉田は大学に休学届けを出しアジアへ出発する。1968年（昭和43）5月、22歳だった。香港を経由してベトナムに入りカンボジア、タイ、ラオスと続いた旅は3カ月におよんだ。ベトナム戦争のただなかにあった当時のインドシナ半島は、政府軍と反政府軍の衝突が相次ぐ内戦状態にあった。だが吉田はどの国でも首都に滞在するのを避け、危険の多い地方の町や農村を訪ね歩いた。それぞれの国の人と風景にじかに触れなければ、本当のアジアを知ったことにはならないと考えたからである。

そして、吉田がそこで見たものは、「これまで読んできたアジアに関する書物が瞬時に蒸発してしまった」ほどに強烈な現実だった。さらに、「日本のアジア侵略の意図を生んだ主要な原因は、アジア民族に対する連帯意識の欠如、無理解、認識不足にある」ことを痛烈に知らされる。このときの衝撃が、吉田に逃れられない天職の道を決定させたのではないだろうか。

一人だけの長い旅から帰国した吉田は、『インドシナ旅行印象記』〈註〉を書き遺している。その一部を引用してみる。

〈欧米が日本の近代化、発展のモデルであるという時代が過ぎ去りつつあると考えるのです。(略)将来の日本を従来の様なモデルなしに、我々自身の手で、自らの道を創造しなければならない段階に入ったと思います。その時、僕達は再び、必然的に地域共同体として、或いは、文化的民族的に近い関係にあるアジアと東南アジアとの関連を考えなければならないはずです〉

〈大東亜共栄圏を意図した、あの忌まわしい事実は、僕達戦後世代にとって、今後、アジアで日本はどういう役割を果たすべきなのかという問題を考える時、余りにも貴重な、そして決して忘れてはならない教訓になるのです。我々にとって怯むことは許されません〉

〈無我の境地で読経を続ける青年僧の後姿に、日本では西洋化と反比例に仏教が衰退していったという事実を訴えたい衝動に駆られました〉

〈アジアの近代化が、従来あるアジアの精神文化の上に築かれる時、はじめて世界に対するひとつの文化創造であり、貢献となるはずだと思うのですが。機械文明にとって宗教は無力なのでしょうか〉

内戦の絶えないインドシナに、米国は膨大な経済援助を行っていた。ラオスの小さな町のホエイサイには米国の援助でつくられた慈善病院があり、米国人医師や白人看護婦が献身的に働いていた。その光景に心を打たれながらも、吉田はアジアに対する米国の援助のあり方を冷静に見つめ、こう記している。

〈アメリカの最も大きな欠陥はそれが常に戦争と同時に行われているという点でしょう。（略）アメリカ人の多くいる所に戦争あり、戦争ある所にアメリカ人がいる、という単純な現実は、アメリカ人がヒューマニズムの発露からの援助を行う時にも多くの弊害を生み出していると思われます。あのホエイサイの慈善病院でも、あれ自体素晴らしい行為に違いありません。しかしそのすぐ前にアメリカの造った軍事目的の飛行場があると云う事実は、善意のアメリカ人にとって非常に悲しむべきことなのです〉

吉田が『インドシナ旅行印象記』を書いたのは１９６８年（昭和43）である。４００字の原稿用紙１００枚を超える紀行文であり、引用したのはごくわずかな部分に過ぎない。それにしても22歳の青年のなんと鋭い洞察と、表現力の確かさであろうか。40年経った現在も全く色褪せていないだけでなく、現在においてなおさら光彩を放つ明晰な視点と感性である。21世紀になったとたん日本人は、「グローバリゼーション」〈註〉なる言葉をまるで日常語のごとく多用しているけれど、「インターナショナリゼーション」〈註〉との本質的な違いをどれだけ意識しているだろうか。そのふたつの言葉を混同させてとらえることの危うさを、すでに吉田は旅行記の中で明快に衝いていた。

〈現在アジアの目指している近代化はそのまま西欧化と結びついています。従来の世界の文化の多元という現象は次第に均一文化の方向に動いているということです。（略）地球全体の文化が単一のものへと向ってゆく事は人類にとって幸か不幸か判りません〉

旅行記は次の文章で締めくくられている。

〈現代の青年の苦しみはおそらく未曾有のものです。何故なら人類がかくも急速に社会を変革させたことはないからです。我々青年がこの苦悩を放棄しない限り、我々には真に繁栄と平和を創造し享受する資格が与えられるでしょう〉

文中の〈現代の青年〉は１９６０年代の青年である。21世紀の現代の青年が、このメッセージをどう受け止めるかは分からないけれど、吉田は還暦を過ぎたいまも、〈この苦悩〉を放棄していない。

アジア開発銀行の意義

アジアの空と土と人に直接触れて帰国した吉田は、サルトルの「飢えた子を前に何ができるか」の問いに、もう迷うことがなかった。

「答は、食糧を生産する手段を提供することだった。それをできるのは農学か工学であり、文明工学とも呼ばれる土木工学の技術者になれば、アジアの開発に最も貢献できると考えた」

この答は、カーの言った「歴史は過去と未来の対話」でもあった。アジアの開発に貢献することが、不幸な歴史を乗り越え、アジアの人たちと未来を共有し合えるようになる道筋だと確信したからである。吉田が15年在籍したアジア開発銀行時代は、その道筋の実証と実践であったと言える。

「アジア開発銀行は、『アジア共通の目的を追求することでアジア諸国の相互関係を改善でき、アジアの民衆を力づけることができる』という理念で、日本が中心となって1966年に設立された。当初、アメリカは世界銀行〈註〉があるから地域開発銀行は要らないと、ADB設立に強く反対した。でもインドシナの和平を、武力ではなく経済共栄によって実現すべきとの考えが台頭し、アメリカは一転して賛成に回り、日本と同数の持ち株で参加したのです」

１９７０年代から90年代にかけて、東アジア諸国は奇跡と言われたほどの経済発展を実現した。ＡＤＢ設立以降の時期に符合している。そして現在、アジアハイウェイ・プロジェクト〈註〉やアジア河川流域管理機構ネットワークなど、アジアの越境インフラ計画が動き出しており、ＡＤＢの存在と役割はさらに拡大している。ＡＤＢ設立は、アジアだけでなく国際社会に誇れる数少ない「ジャパン・イニシアティヴ」である。

「私がＡＤＢに就職したのは、〝エンジニアの素養を持つプロジェクト・エコノミスト〟としての要請があったからです。自分でそれを売り物にしたところも多少はあります」

冗談めかしてそう言ったが、コンサルティング・エンジニアからスタートし、ロンドン大学で開発経済学を学び、国際開発センターの研究員として世界各国のＯＤＡプロジェクトに携わってきた吉田のプロセスは、すべてＡＤＢのスタッフになるための道のりであったように見えてくる。

「世界銀行は90年代に入ってインフラ整備支援を一気に縮小した。そのために、世銀の多くのエンジニア・スタッフが欧州復興開発銀行〈註〉やＥＵ域内のみの加盟国で設立された欧州投資銀行〈註〉に移動した。そのスタッフたちが中心となってＥＵの越境インフラ整備を進めている。地域の平和を構築するには、貧困や不公平さを削減できる社会基盤の形成が不可欠だからです」

「ＥＵの越境インフラは、道路、鉄道、河川、パイプラインなど各分野に広がっている。ＥＵは鉄道インフラだけでも毎年数十億ドルの莫大な投資をしている。水資源やエネルギーを持続的に確保するための対策とインフラは、ＥＵが飛躍的に進んでいる。いくつもの国にまたがる越境インフラは、計画段階での各国間の調整や維持管理に高度なノウハウや技術が要求される。交通部門だけでＥＵの事務局に２００人のスタッフがいる。２００人いないと対応できないのです。インフラの国家を超えた運営というのはそれぐらい大変な仕事であり、極めて大事な仕事なのです」

「実はアジアの越境インフラは遅れているのです。緒についたばかりでこれから本格化する。だからこれからのアジアのインフラを考えるときにＥＵの先行事例が非常に参考になる。残念なのは、国際機関で働いている日本人の土木技術者が非常に少ないことです。望ましいレベルの人数の4分の1程度しかいない。ひとりでも多く日本の土木技術者を国際機関に入れたいというのが、私の期待です」

世界銀行は最近になってインフラ整備の重要性を再認識したとされている。でも、世銀グループの支援政策が米国のグローバル化戦略と連動しているように見える。40年前に吉田が懸念した〈均一文化への動き〉が加速しているなかで、多様な歴史や文化を持つアジアにおけるＡＤＢの存在意義は、ますます重要になってくる。

ちなみに、Ｅ・Ｈ・カーの『歴史とは何か』（日本語版＝岩波新書・清水幾太郎訳）は、カーが１９６１（昭和36）年にケンブリッジ大学で行った講演をまとめたものである。そのなかでカーは〈英語使用世界の歴史が世界史の中心として、他をその周辺のものとして扱っているうちに、英語使用諸国の私たちが世界の現実から孤立するかもしれない〉と警鐘を鳴らしている。東西冷戦の最中にあって、カーは思想的、政治的な視点ではなく文明的な視点から、現在の世界の混乱を予見していた。

吉田がこれまで発表した多くの論文や講演録を読むと、ある共通項が見えてくる。テーマが異なっていても、常にシビライゼーション（文明）の視点に立って論じていることに気がつく。そして、シビル・エンジニアこそが、人類が豊かさを奪い合う世界に訣別できる「新しい文明」づくりの担い手なのではないだろうかと思えてくるのだ。

旅は終わっていない

青年のときに「土木は飢えた子に何ができるか」と自問した吉田が、土木学会講堂に集まった青年たちに「土木は21世紀に何ができるだろうか」と語りかけ、「地球公共財としてのインフラ整備」について話をした。「地球公共財」という言葉が登場したのは最近であり、インフラ整備を地球公共財の視点から見つめた論文や文献は非常に少ない。

『地球公共財―グローバル時代の新しい課題』（発行・日本経済新聞社）では地球公共財の基準を、その便益が〈消費の非競合性〉と〈非排他性〉を特徴とし、普遍的な公共性を満たしていることだとしている。この難解な定義より、吉田の次の一言がはるかに分かり易い。

「地球公共財とは『市場で取引きされない財』のことです。基本的には国境を越えて誰もが享受でき、誰もが排除されないものが地球公共財です」

市場で取引きされる財は、富める者ほど入手し易く、貧しい者ほど享受しにくい。きれいな水や空気の自然環境そして平和、安心、食糧、健康、人権など、人間が生きるための基本的な財は、地域や国家や民族の別なく人類が公平に享受できなければならないはずなのだ。そして、それを希求するのが文明であったはずなのだ。

「市場には、富める者をさらに富まし、貧しい者をさらに貧しくするメカニズムが働く。それが資本社会の原理です。もちろんその原理が社会を発展させる原動力になったことは事実ですが、その一方で極めて不安定な状況を創り出してしまった。市場で取引きされない財が非常に不足しているために、不安定な地球になっている」「これまで市場が格差を生むのは当然だとしてきた。では貧困の格差は誰がどうやってなくしていくのか。市場に委ねてはその答が出ない。そこで市場で取引きされない財、普遍的な公共性を持った財としての『地球公共財』という認識が出てきたのです」

そして、地球公共財としてのインフラ整備についてこう話した。

「インフラを整備する目的の背景にあったのは、常にナショナリズムなのです。国家ごとに行うのがインフラ整備の歴史であり、周りの国のことを考えて自分の国のインフラを造る発想は全くなかった。むしろ、隣国と異なる独自のインフラを整備することで、国家をプロテクトしてきたのです。ヨーロッパの鉄道が、国によって軌道の幅もプラットホームの高さも信号システムも違うのはそのためです。同じスタンダードの鉄道では敵の列車が突然乗り込んでくる恐れがあったからです。でも、ＥＵになって共有性、整合性のないインフラがいかに経済発展の効率を阻害しているかを認識し、さまざまな分野の越境インフラ整備を進めている。ＥＵはインフラを地球公共財にすることによって、国家間のガードを無くしているのです」

周辺国との優位性や格差を意識したナショナリズムの発露であり、国家のプロテクトの手段でもあったインフラは、国家を超えた公共性を排除せざるを得ない宿命を背負っていた。しかし、そうしたインフラ整備の目的や性格と正反対の、より広い地域とより多くの国の人たちが便益を共有し享受し合えるインフラが、逆に侵略のリスクを解消し平和の構造を拡大しているのだ。

インフラが秘めている不思議な力である。政治や経済の力学にはない文明工学の力である。インフラは新しい歴史を歩み始めている。

越境インフラは、EU、北米、南米など世界各地域で進行しており、遅れていたアジアでも計画が動き出した。では、海に囲まれ陸の国境を持たない日本は、越境インフラとどう向き合っていくのか。

「地域との連携、統合を念頭に置いてインフラ整備を考えるようになってまだ日が浅い。ですから研究しなければならない課題がたくさん残されている。インフラには、目に見えないインフラと物的なインフラがあり、このふたつが世界全体の統治に深く関係している。文明とは何かを含めた広い価値観でインフラを捉える視点が、日本には不足している。若い諸君はぜひ文明工学とは何かを、自分に問いかけて欲しい。きっと国家や世代を超えた地球公共財としてのインフラの価値と希望が見えてくるはずです」

「他国と陸続きでない日本には、越境インフラは関係ないと考えるのは誤りです。アジアはあと数年で関税がなくなるでしょう。経済協定は紙一枚でできるけれど、インフラ整備には金と時間がかかりますから、経済統合とインフラの間のギャップが生じる。その抵抗値を低くして、経済格差が広がるのを防ぐために、地球公共財としてのインフラ整備を急がなければいけない」

「アジアハイウェイの1号線は、イスタンブールまで区間延長が2万7千キロある越境インフラです。日本は2004年に加盟しましたから、5年以内に日本の高速道路にアジアハイウェイ1号線の標識をつけなければいけない。これに繋がる道路や橋はアジアハイウェイ・スタンダードに合うように各国が工夫整備する必要がある。イタリアのトラックが今やロンドン市街を走っています。メコン地域では一部相互乗り入れが始まりました。アジア地域でハードとソフトを規定する共通交通政策をどう構築するのか。そのための計画、資金調達、管理運営にどうかかわりあうのかは日本自身が決めなければいけない。『シームレス・アジア』〈註〉の議論が日本でもやっと始まりました」

吉田に少し意地悪な質問をしてみた。

「インフラは国家を超える新しい歴史を創り始めているのに、世界の現実は平和や貧困削減とは逆の道を歩んでいる。地球公共財を創る速度より、破壊する速度が上回っているのではないか」

「厳しい質問です。でも、土木は何ができるかというテーマから土木技術者は逃げてはいけないのです」

ている。

『国際環境協力』〈註〉（第4号）に吉田が寄せた文章の、「後に続く人たちへ」でこう記している。

〈地球はますます小さくなるのに人間の尊厳が失われている状況格差はなかなか縮まりません。この不条理こそが世界の不安定要因で、最近のテロの根源の一つであることは明らかです。人は絶望した時、命を捨てて不条理に立ち向かうものです。国際協力における開発協力は恵まれない国の人々と希望を分かち合う努力をすることです。この行為は人類史上最悪の戦禍をへて、人類が到達した普遍的価値の追求です。この価値は世界人権宣言と国連憲章に明記されました。世界のあまたの憲法の中で日本国憲法はこれらの普遍的価値を最も色濃く反映しているものです。国際協力はその価値に深く共鳴しているのです。普遍的価値の実現プロセスに自らを参加させることは人生に大いなるロマンを追い求めることでもあります。地球上のすべての事象が因果律によって綿綿と繋がっていることの認識こそが国際協力を学び実践する前提です。この認識と普遍的価値をさまざまな角度から読み解いて自らの行動の原動力にしてもらいたいとの願いを込めて本稿の結びとします〉

吉田の人生の原点となったインドシナ放浪の途中、アンコールワットの遺跡に足を運んだ。「歴史とは何か」を問いかけていた 22 歳の吉田は、静寂の中で語りかけてくる遺跡と対話した。この旅が、国際協力の道を志すきっかけとなった。

アジア開発銀行の職員となった吉田の仕事は、アジアで最も恵まれない地域の農村開発事業の計画・審査・執行管理から始まった。パキスタンのチトラル連邦直轄区を訪れた吉田（左から 2 人目）と護衛の兵士。この山岳地帯にビンラディンが匿われていると言われる。

Ⅳ 「ライフワークの途上国農業開発」

受益者の「顔が見える、名前が見える、心も見える」

佐藤 周一

8万ヘクタールの〝小規模灌漑〟

もうすでに5時間以上経っている。だが、佐藤周一の表情も話し方も動作も全く変わらない。

学生や青年たちを前にして佐藤が講演を開始したのは午後5時だった。張りのある大きな声での歯切れのいい話にジョークを交えて笑わせ、それに身振りや手振りを加え、佐藤は片時も休まず語りかけた。質問されるたびに的確な説明と答えを出すのだが、佐藤自身がそれだけで満足できなくなり話が発展し、いつも質問以上の答えになった。

講演の後の懇親会で、若者たちが佐藤を囲み次々と質問や相談やアドバイスを求めた。そのひとつひとつに佐藤は丁寧に応じ、さらに場所を居酒屋に移して同じことが続けられた。ありったけの知識を駆使して自分の見解を述べ、ふたたび若者たちの意見に耳を傾けるひたむきな佐藤の態度は、午後10時を過ぎても変わらなかったのだ。決して大きくない佐藤の肉体のどこから、これだけ一途なエネルギーが生み出されてくるのか不思議であった。

でもそうした表情やしぐさに気負いや不自然さは全くなく、公平さや温かさや力強さなどが自然に現れてしまうように見える。

おそらく佐藤は、インドネシアの農民たちにも、一緒に灌漑事業を指導する外国人スタッフたちにも、大きな瞳をさらに大きくして、身を乗り出し体を揺らし、指を立てたり両手を広げたりしながら熱っぽく語りかけているに違いないのだ。いま日本の若者たちの輪に囲まれている佐藤は、インドネシアにいるときの佐藤そのままなのだと思えてきた。

ふと、情熱家、熱血漢、快男子といった言葉を思い浮かべながら、そうした言葉を連想させる男に出会う機会が、日本国内では極端に少なくなったことを考えた。そのうちこれらの日本語は死語になってしまうかも知れない。

ＳＳＩＭＰ（Small Scale Irrigation Management Project）。

インドネシア東方の島々で佐藤が17年間携わってきた、いや育ててきたプロジェクトである。ＳＳＩＭＰは日本語で「小規模灌漑管理事業」と直訳されている。画数の多い漢字が並ぶその名称は事務的で味がない。だがその実態は、奥行きが深く間口の広い、汗と笑顔と収穫に満ちた実に味のあるプロジェクトなのだ。

ＳＳＩＭＰは、インドネシア東方の広大な海洋地域に散在する島々の農業開発を支援するために、米国国際開発庁（ＵＳＡＩＤ）〈註〉の技術・資金協力で１９８５年（昭和60）にスタートしたものだった。雨季が短く乾季が長い気候条件ゆえに、低い農業の生産性と低所得を余儀なくされている島の人たちが、貧困から抜け出せる道を拓くことを目的とした事業であった。だが実施が大幅に遅れ成果が思うように上がらなかった。

インドネシア政府は日本に事業へのテコ入れを要請し、日本の海外経済協力基金〈註〉（ＯＥＣＦ、現・国際協力銀行〈註〉）とＵＳＡＩＤの初めての協調融資案件として立て直しを図ることになり、ＯＥＣＦによる案件形成促進調査（ＳＡＰＲＯＦ）〈註〉が実施された。その調査団長に佐藤が任命された。

１９８８年（昭和63）のことで、佐藤40歳である。

佐藤は調査をもとに全く新しい「独自のやり方」でＳＳＩＭＰを立ち上げる。それは事業の再スタートというよりも、インドネシア政府が真に望んだＳＳＩＭＰの第一歩であり、現在なお第Ⅳ期事業として継続されているＳＳＩＭＰの第Ⅰ期事業のスタートだった。

第Ⅰ期事業は、バリ島の東側に連なる小スンダ列島のひとつティモール島の小さな農村から開始された。ＵＳＡＩＤの地下水灌漑計画は当初、口径４インチの中規模井戸を50本掘削するものだった。それを佐藤は口径３インチの井戸を２４８本掘削する小型浅井戸開発に変更する。天水だけに頼ってきた島の農民たちは灌漑の経験や知識がなく営農技術も低く、インドネシアの他地域でも協同作業の体験がなく、中規模の井戸を協同管理できる農民組織を編成するのは難しいと判断したからである。つまり、井戸を小型化、簡易化することによって農民たちの技術でも灌漑と維持管理を可能にし、井戸ごとに結成する管理組織をつくりやすくしたのである。

文字通りＳＳ（スモール・スケール）を実践したのだ。ちなみに1カ所当たりの中規模井戸の灌漑対象農家は20戸ほどになるが、小規模井戸は5戸程度となる。少人数の組織ほど意見がまとまりやすく、協同意識が強まる道理である。さらに佐藤は、計画段階から農民の合意形成と直接参加を求め、灌漑施設の完成後2年間にわたって営農指導を行うことを事業の一環に組み入れた。自ら参加した灌漑計画の井戸から汲み上げられる地下水で育った作物の収穫の喜びを実感させ、自主的な維持管理意欲を向上させるためである。

「ＳＳＩＭＰの目的は農民が豊かになること。農民自身の手で維持管理、運営されてこそ目的が達成できる。そのためにはその地域の農民たちが使いこなせる規模と水準の灌漑施設から始めるのが鉄則。農民たちは汲み上げる地下水を最小限にして実に効率的に使う。井戸のポンプを稼動させる燃料費を個人が負担する仕組みになっており、燃料費の支出を少しでも節約するため、徹底したコストミニマム意識を働かせる。期せずして彼らは、オーナー意識を身につけた」

１９９０年（平成２）に開始された小規模灌漑管理事業は、２００３年（平成15）から第Ⅳ期事業に入っている。第Ⅲ期までの事業は６州の島々に広がり、その総灌漑面積は８万ヘクタール、受益者は１００万人を越えた。農民の純所得は少ない地域でも３倍に、多い地域では10倍以上にアップしている。灌漑水源開発も井戸、堰、ため池、貯水ダムなど多岐にわたり、水道用水の供給を兼ねているダムもある。小さな農民組織で運営される小規模な灌漑事業がしだいに地区数と規模を増やし、インドネシア東方地域全体に広がる大規模な灌漑事業に発展しているのがＳＳＩＭＰなのだ。

「いきなり最新鋭のポンプや資機材を持ち込むのではなく、農民が受け入れ易く使いこなせる内容と規模から始め、人材を育てながらしだいにレベルをあげていく」という佐藤の方針と手法は、17年前もいまも一貫して変わっていない。

だが、佐藤が行った「独自のやり方」はそれだけではなかった。

「輪」が連鎖して「環」に

米国国際開発庁（USAID）がSSIMPから1994年に撤退し、日本の円借款〈註〉だけで事業が継続されることになったとき、佐藤はインドネシア政府にある提案をする。それは、案件の発掘形成、灌漑開発地区の選定、フィージビリティスタディ〈註〉、農民グループの結成と合意形成、開発計画立案、試験井戸の掘削、灌漑施設の設計と施工監理、水管理組合設立、維持管理指導、営農指導、モニタリング、アフターケアまでの全てを、コンサルタントが一気通貫で管理指導するというものだった。さらに、事業を進めながら次期案件の調査や形成を同時進行で実施するというプラスアルファまでつけたのだ。この方法ならそれぞれの地域に適した農業開発ができるだけでなく、農民の合意形成や水管理組合の維持運営に不可欠な地域リーダーの人材を育成できるとの確信があったからである。

事業の誕生から営農が軌道に乗るまでをコンサルタントが一気通貫で見届け、全てのプロセスに責任を持つという佐藤の提案は、実に理に適っている。だが、それまでの円借款プロジェクトにおいては前例のないことだった。案件の発掘形成、フィージビリティスタディ、合意形成、設計・施工監理、営農指導など各段階の業務を、異なる企業や組織が担当するのが決まりであり、佐藤の提案はいわば特例措置のようなものだったのだ。

しかし、インドネシア政府は、佐藤が「プロジェクトサイクル一貫管理方式」と名づけたこの提案を受け入れ、次期案件の形成を事業と同時進行で実施する方法も、「スペシャルスタディ」として認めたのである。

「受益農民は何を望んでいるのか、どうすればクライアントが一番満足するのか、相手側の視点から発想してみた。例えば、試験的に掘削した調査井戸をそのまま灌漑施設に転用すれば、経費も時間も大幅に節約でき、便益も早く生まれる。進行中の事業と並行して次期案件の調査や情報収集を行えば、新たに調査期間を設けなくてすむ。前期の事業で得た経験と教訓を次期案件に活かすことで成功率が高くなる。施設の完成も事業の実施も早いほどクライアントは満足する。それを達成するにはプロジェクトサイクル一貫管理方式が最適と考えたのです」

プロジェクトを成功させるための明快な動機から、前例や慣例にとらわれない柔軟な発想で、何か新しいことを取り入れたいと考えただけのことだと佐藤は言う。佐藤が長年掲げているコンサルタントのモットーは、「責任」「柔軟性」「何か新しいことを」「現場主義」の４つである。その言葉の中にコンサルティング・エンジニア〈註〉が要求されている資質と使命が凝縮されている。コンサルティング・エンジニアの職能を鋭く衝いている。

佐藤の提案が第Ⅰ期事業で予想以上の成果を生んだことから、インドネシア政府は、「一貫管理方式」と「スペシャルスタディ」をセットにしたＳＳＩＭＰのコンサルタントサービス契約を、次々と承認する。佐藤が考え出した「独自のやり方」が、インドネシア政府公認の契約方式となったのだ。これによってＳＳＩＭＰは飛躍的に効率性と効果をあげていく。

「例えば、Ⅱ期事業を管理しながら次期案件形成調査のスペシャルスタディを進めて行く。こうすればⅡ期事業の終了と同時にⅢ期事業を開始できる。しかもⅠ期、Ⅱ期事業で得た教訓をそのまま活かせる。これが非常に役立った。開発対象地域は広大な地域に広がっており、場所によって農地や水源の条件が異なり、農民の要求内容も意識レベルも違っている。その地域に最も適している水源施設は井戸か堰かため池か貯水ダムかを見極め、開発の方向付けをするうえで、現場主義が活きてくる。いくつかの開発メニューを提示して、実施内容と優先順位を農民たちと一緒に検討する。市場から離れた農村には輸送に耐える作物の選定と栽培方法を指導し、幹線道路にアクセスする農道を造る。灌漑計画に直接参加したという意識と、収穫と所得が増える実感が、農民たちのやる気を向上させていった」

スンバワ島のティウクリット地区は、短い雨季だけの年1回の稲作で収穫量も1ヘクタール2トンと少なく、ひどく貧しい村だった。同地区に水管理組合が結成され灌漑ダムが造られ、雨季と乾季の2期作が可能となり、収穫量も4倍の8トンに急増した。

水源と水路を共有する農民たちが連帯の輪をつくり、その小さな「輪」がつながって、インドネシア東方全体に広がる大きな「環」となって、100万人の農民の安定した収穫と所得を支えているのがＳＳＩＭＰである。小規模事業が単に大規模化したのではなく、農民の自立的な維持運営による小規模な灌漑管理事業が連鎖して、灌漑面積と受益者を拡大していったのだ。

それを象徴するように、第Ⅳ期事業からＳＳＩＭＰの名称が「分権型灌漑改良事業」を意味するＤＩＳＩＭＰに変更された。その名称変更には、農民たちの主体的な自主運営を基本にした事業であることを明確にすることと、米国国際開発庁が計画したＳＳＩＭＰとは実態も成果も比較にならないほどに、価値のある事業に育ててあげてきたという佐藤の自負が込められている。

そして、佐藤が提案したプロジェクト・サイクル一貫管理方式は、インドネシア以外の国での円借款プロジェクトにも採用され始めている。

民衆が支持した公共事業

「ＤＩＳＩＭＰの本部事務所はジャカルタにあり、35の現場事務所の管理下で50のプロジェクトが実施されており、ざっと６００人のスタッフが働いている。その98％がインドネシア人です。さしずめ私は社員６００人の企業の社長といったところでしょうか」

社員は佐藤を「サト」と呼ぶ。インドネシアの人にとって「ＳＡＴＯ」は親しみのある名前なのだ。スカルノ、スハルトの歴代大統領や財界の大物・ストー、さらにスナルノ公共事業省大臣などＳ（エス）で始まりＯ（オー）で終わる名前がジャワ島には多いからだ。

それにしても、６００人ものプロジェクトメンバーをどのように採用し養成したのだろうか。

その組織を見てみる。佐藤を支える灌漑農業開発の専門家、その下の技師と技師補、そして事務所スタッフで構成されている。経験を積みやる気のある人を技師補、技師、プロジェクトリーダー、州リーダーに昇格させながら、しだいにローカル・スタッフの人員と組織を強化していったのだ。つまりプロジェクトメンバーの主力は、ＳＳＩＭＰで育った生え抜きの人材集団なのだ。こんなエピソードもある。

「ティモール島の地下水灌漑地区で、19戸の農家が共同で使う井戸の水管理組織の責任者を誰にするかが問題になった。その地域では長老がリーダーになるのがしきたりになっていたが、長老者たちに適任者がいなかった。そこで村でただひとり農業高校を卒業した当時26歳だった女性のユブリナ・カピタンさんをリーダーにしてはどうかと提案した」

これまでの慣習を破り、しかも若い女性を組織のリーダーにするという佐藤の提案に、村の人たちはびっくりする。

「長老たちの話し合いが6回も行われた。そして彼女をリーダーにすることが合意された。前例のない村の決定に、彼女は素晴らしい指導力を発揮して応えた。初めて女性のリーダーが誕生したということだけでなく、古い慣習を変えたことで世代を超えた新しい連帯が生まれ、村を活気づかせたのです。そのことが近隣の農民グループに伝わって、良い刺激と影響を与える結果を生んだ」

ユブリナさんの活躍は州政府にも伝わり、後日、彼女は政府職員に採用された。

「多くの地域や農村でいろいろな人を見てきたが、成長する人、可能性を秘めている人には、共通した基本的資質がある。その資質は『積極性』『誠実さ』『責任感』の3S

です。たとえ経験不足でも、この三要素を持っている人を登用、採用してきたが、これまで裏切られたことはありません。むしろ期待や予想した以上に有能な人材に育っています。３Ｓは、私が人物の〝定点観測〟で得た秘訣です。要は、人材育成の議論の前に、〝人材発見〟が重要なのです」

ＳＳＩＭＰの基本理念を「キャパシティビルディング〈註〉を踏まえた開発」にすることが、インドネシアと日本の政府間の合意事項になっている。だからＳＳＩＭＰは、灌漑面積、受益者、収穫量、所得の拡大増加だけでなく、人材の育成、技術移転、農民エンパワーメントなどに重点が置かれている。その方針に沿って佐藤は着実にプロジェクトの内容を充実し拡大させてきたのだ。

ＳＳＩＭＰの本部事務所、現地事務所、灌漑地区の村々を飛び回る佐藤の生活は17年間変わらない。インドネシアの国内線の飛行機搭乗回数は１５００回を超えている。これまで完成させてきた灌漑事業、現在進行中のプロジェクト、作物の実り具合、それぞれの地区のスタッフと農民の顔、それらが佐藤の頭にインプットされている。だからプロジェクトの全体像や進み具合を瞬時にプリントアウトできる自信がある。

「一般のインフラ開発の受益者は不特定多数ですが、農業開発の最大の特徴は受益者が決まっていることです。受益者の顔が見える。名前も見える。心も見える。その受益者と相談して計画を立て、受益者と協働で事業を進め、受益者と一緒に成果を喜び合えるのが、農業土木の面白さと楽しさです。SSIMPに携わって、ハード技術の領域だけでなく、あらゆる生物の営みを受け容れている自然界を見つめる思想が備わった気がします。農業土木の奥の深さなのかも知れない。それをライフワークにできたことを幸せだと思っている」

かつての日本も、賢者や知者がリーダーとなって水路や堰や堤防やため池を造り、農民が力をあわせて荒地や湿地を作物の育つ大地に変えてきた。そして、水路や堰や堤防やため池は農民だけのものではなく、多くの人たちを洪水や渇水から守る役割を果たした。人と土地を水の脅威から守るために、水を人間の味方にしようとした〝水と大地の土木〟の農業土木は、農業だけでなくさまざまな分野の生産を振興し、あらゆる職業の人たちの生活を支え、豊かで安全な暮らしを目指す技術だった。だからその公共事業を民衆が支持し、役務を提供することもいとわなかったのだ。

農業土木が、シビル・エンジニアリング〈註〉の原点と言われるゆえんもそこにある。土木工学の領域が広がっても、土木技術が高度化しても、その原点は不変で普遍なのではないだろうか。

川はその地域の気候や地形によって性質がそれぞれ異なり、農業も地域によってその営みが異なる。だが、日本は効率重視の行政の下で、すべての川をひとつの法律で管理し、農業もひとつの政策で管理する時代が長く続いた。それと引き換えに個性を喪失した同じ表情の川と水田が出現した。その表情はひどく老け込んで疲れきったように見え、かつて私たちに生き生きと語りかけてくれた川や水田の命のささやきは聞こえてこない。その沈黙と静寂は、ＧＤＰ世界第2位との交換と代償だったのだろうか。21世紀に入って、多様な河川行政や農業政策が出されていることに期待したい。

「経済力があれば必要な資源を容易に入手できるという世界の構造が変化し始めている気がする。食糧の入手すら困難な時代がしのび寄っている気配がある。農業の本質的な価値の再発見が行われ、今後は多くの人が大地に根付く農業に還るのではないだろうか」

敗戦から15年経った1961年（昭和36）の日本は、まだ貧しさを残していたけれど食糧自給率78％の力があった。いまそれが39％である。同じ時期に42％であった食糧自給率を、70％まで回復させた英国と全く逆の道をたどった。私たちがふたたび農業に還ろうとしたときに、日本の水や大地が、私たちを受け入れてくれるだけの寛容さと余力をまだ残してくれていることを祈らずにいられない。

嘘のような本当の話

佐藤が惚れ込んでいるものがある。間もなく還暦を迎える佐藤がすっかり心を奪われてしまったと言っていいほどで、その話をするときの表情は一段と輝いてくる。それと出会って5年になるが、ますます想いを深めている。苦境や窮地に遭遇しても動じない胆の据わった佐藤のハートをつかんだのは、「ＳＲＩ」（System of Rice Intensification）である。

「種モミ、肥料、農薬、灌漑用水そして労働力を大幅に節約して、しかもイネの収穫量を飛躍的に増大できるのがＳＲＩです。つまり少ない生産コストで大きな収益を得られる、この理想的な稲作技術を説明しても初めは誰も信じない。私自身、確信が持てるまで2年を要した。未だに世界のほとんどのイネ研究者や農業専門家が疑問視している。でも嘘のような本当の話いや現実。ぜひ現場と現物を見に来てください」

佐藤は2002年（平成14）からSSIMPにSRIを導入している。

「2006年までの4年間の実績で、インドネシアの慣行的な灌漑稲作とSRIを比較した結果、灌漑用水量が圃場レベルで40％、種モミ、肥料、農薬などの生産経費が20％削減し、逆に収穫量は1ヘクタール当り4・3トンから7・6トンと78％増大した。経費削減と収量増大の相乗効果で、稲作農民の純所得が4倍から7倍に増加している」

ではSRIはどのような稲作法なのだろうか。

「種モミを播いて1週間前後の乳苗を、水田に30センチの広い間隔で1本植えで移植する。乳苗は種モミの中に胚乳養分を50％程度残しており、移植後自力で根を活発に伸長させ茎の数も大幅に増やす。苗を間隔をあけて1本植えにするのは、隣同士の葉茎が触れ合わないようにして受光と風通しを良くするため。そうするとイネが伸び伸びと育ち、病害虫にも環境変化にも強い抵抗力を持つ。さらに肝心なのは、イネの栄養成長期に湛水せず、湿潤と乾燥を交互に繰り返すこと。これによって、空気に触れた根がさらに丈夫になり強い茎をつくり、穂を大きくして収量を増やす。植物も人間も過保護の環境では甘えが出て健康に育たない。当初は水田を乾燥させることに抵抗を示した農民たちが、いまではＳＲＩの稲作に励んでいる」

ＳＲＩは単に少ない支出で多くの収入を得られるだけでなく、いま世界の国と人が直面している環境保護、省資源の課題に合致する『低投入持続的稲作技術』であり、持続的な農業開発を実現する『本物の稲作革命』だと力説する佐藤の表情が、土木技術者から農業技術者の顔になった。

佐藤は東京大学大学院の農学研究者たちに働きかけ、２００７年４月に「日本ＳＲＩ研究会」をスタートさせた。米の生産量を増やさないための減反政策、過保護と過剰品質の稲作、生産調整による市場価格の維持、こうした農業に安住してきた日本の生産者が、はたしてＳＲＩを受け入れるかどうかは分からない。でも、農業の基本理念に逆行する生産抑制を長年続けてきた日本の農業政策が、大きな岐路に立っていることを私たちは直視しなければいけない。

ＳＲＩの実践技術を発表したのは、フランス人の宣教師兼農学者のアンリ・デ・ロラニエ氏で、１９８０年代のことだった。その理論の基になっているのは、日本人の片山佃氏が発表した『同伸葉理論』だという。何という皮肉であろうか。

いくつかの佐藤語録を紹介してみる。

『真剣は裏切らない』「70年の学園紛争のとき、北海道で初めて大学内バリケード封鎖行動に、退学処分覚悟で参画し1年留年した。自分がやるべきだと思ったことは本気でやり抜くこと。真剣にやれば必ず通じるものがあり、結果がどうであれケジメがつく。もしあのときに傍観者になっていたら、精神面の成長の機会を逸していた気がする」

『失敗を恐れるな』「一生懸命やって失敗したことは必ず後で生きてくる。Ｙ字型の岐路に立たされ迷ったときは、成功より失敗で得た体験のカンが決め手となる。その積み重ねが成功を創り出す。成功は結果でありそのプロセスを支えているのは、試行錯誤に悩んだ失敗の教訓である」

『後付けは裏付け』「宇宙飛行士の毛利衛氏は〈宇宙から国境線は見えなかった〉の名言を創り、〈少年時代から宇宙に憧れていた〉と言ったけれど、あれは〝後付け〟である。

彼は大学同期の親友でよく知っているが、原子力研究の分野に進み、宇宙に興味があるとは全く言っていなかった。でも宇宙飛行士になる努力の裏付けがあったからあの名台詞を言えた。できるだけ〝カッコイイ後付け〟を言えるようになるために頑張れ」

『情報は発信者が得をする』「社内外の人脈、社内資料は貴重かつ無料の宝。人脈を広げるコツは、自分の持っている情報を発信することにある。情報を出し惜しみすると、入ってくる情報も少なくなる。情報というのは発信者が最終的に得をする不思議な要素を秘めている。ＳＳＩＭＰで初めてダムの施工監理をすることになった時には、社内にあるダム施工監理事例の資料を漁り、良いとこ取りをして自分なりの施工監理計画を立て、社内の人脈をフルに活用して、予定工期を短縮して無事にダムを完成させた」

『裏技に本質あり』「工期計画の裏技をひとつ。『やれるはず』の予想値をもとに理想的なプランを立てずに、現実的な『やれること』をベースにして工期にゆとりを持たせ、工事進捗カーブの立ち上がりを出来るだけ後の時期に設定する。そうすることで通常発生する遅れが目立たず、工期短縮も可能になり、クライアントに感謝され評価も上がる。私は単身赴任しており女房とは17年間別居生活しているが非常に夫婦円満。これも裏技のひとつであるがその秘訣は内緒。あえてキーワードを言えば『信頼』

『座右の銘は〈楽志〉』「志を抱いて生きる心のありようを楽しむ、楽志楽生の心境のことです。志に従って主体的にやる仕事は楽しい。楽しいことをやっていると気力が充実して病気にならない。若い時に悩まない人などいない。悩むことを楽しむゆとりの心があっていい」

佐藤は若者たちに名刺を渡しながらこう言った。

「名刺のメールアドレスは、インドネシアでも日本でも使っているものです。あなた達からのメールを待っています。いつでもどんなことでもいい。素朴な質問大歓迎です。私で分からないことであれば、分かる人に聞いて必ず返事を出します。分かる人を紹介することもできます。あなたの人脈のネットワークに私を加えて、私を活用してください」

佐藤周一、やはり熱血漢である。快男子である。

スラウェシ島のポンレポンレダムの工事現場で、コンサルタントのダム専門家たちと（右から２人目が佐藤）。SSIMP の８つ目の中規模ダムで、コンクリート表面遮水型の新技術が関心を呼んでいる。水源開発は灌漑農業安定の基礎である。

ロンボク島に設立したSRI試験場に、2008年1月、世界のSRI推進の第一人者ノーマン・アポフ教授が訪問。SSIMPスタッフや東ティモールの専門家たちも集合した。東京大学のグループとの実証試験も2007年から実施されている。

V　「日本と海外で造った10のダム」

労苦を共にして「人を育てる」「人が育つ」喜び

福田　勝行

進路を決めた「建設」の社名

「ああ電力が欲しい」―戦後の日本は、経済復興に必要な全てのインフラが不足していたが、なかでも工業生産の原動力となる電力が不足していた。復興の意気に燃える人々は、停電が日常茶飯事のか細い電力事情を怨みながら、「もっと電力があれば」と焦った。

電力供給の増強が喫緊の国策となった。電気事業再編成法が制定され、1951年（昭和26）にそれまでの5電力会社が9電力会社となり、翌1952年には、電源開発促進法による電源開発株式会社が設立された。こうして日本の水力発電の新たな時代がスタートした。それは同時に日本におけるダム工事の機械化施工の幕開けでもあった。

ダム建設はスケールが大きいだけでなく、米国から導入した大型建設機械を駆使する当時の最先端の土木技術工事として、土木事業の花形的な存在となっていく。ちなみに、1950年（昭和25）から1979年（昭和54）までの30年間に竣工したダムは973を数える。日本国内に現存するダムの4割近くがこの時期に建設されたことになる。とくに1960年（昭和35）から1969年（昭和44）までの10年間に完成したダムは354あり、毎月3回ものダムの竣工式が行われていた勘定になる。この旺盛なダム・プロジェクトは、〝ダム屋〟を自認し、それを誇りとする多くの土木技術者を輩出した。

福田勝行もダム最盛期の1964年（昭和39）に鹿島建設に入社し、その後40年余の土木技術者人生の中で、10のダム建設に携わってきたダムのエキスパートである。だが、他のダム技術者と決定的な違いがある。福田が携わり現場の指揮をとってきたのは、国内の5つのダム、海外の5つのダムなのだ。しかも海外の5つのダムはそれぞれ国が異なっている。官民を問わず〝ダム屋〟を自認する技術者は大勢いるけれど、福田のように、日本と海外5カ国で10のダム建設を経験している日本人土木技術者は少ない。日本国内でのダム建設計画が減少一途であることを考えれば、おそらくこれからも福田を越える技術者は現れないと思われる。

大阪工業大学土木工学科と山梨大学醗酵水産学科に合格し、どちらを選ぶか考えていた福田に「あなたはお酒が好きだから、醗酵の知識を学ぶともっと酒飲みになってしまう」と心配した母親の言葉で、大阪工業大学に入学する。就職先を大阪府か大阪市にするか建設会社にするかでは、「役所は毎日同じ仕事の繰り返し。建設の仕事は毎日変わる。だから鹿島建設に入社した。鹿島建設を選んだのは、社名が〈組〉でなく〈建設〉だったから」。

社名を〈組〉から〈建設〉に変更する建設会社が相次いだのは戦後であり、その理由には諸説ある。1949年（昭和24）に建設業法が施行され、それまでの請負業から建設業に変化したことによるという説。GHQ（連合国総司令部）が、〈組〉という呼称は戦前の体制を残すものだと懐疑したことから、当時の日本政府があわてて改名を勧めたという説。その指示に東京周辺の業者は従ったが、商都・大阪周辺の業者は商売人の意地を見せ〈組〉の名称を変えなかった。現在でも関西地区に〈組〉のつく社名のゼネコンが多いのはそのためらしい。その真偽は別にして、〈建設〉と〈組〉の違いが福田の進路を決めたことになる。

1964年（昭和39）4月、鹿島建設に入社した福田は四国支店に配属され、いきなり魚梁瀬ダム工事現場に回された。ダムと福田の長いつき合いは入社と同時に始まっているのだ。

最初のダム＝魚梁瀬（やなせ）ダム【高知県北川村、ロックフィルダム〈註〉、堤高115メートル、堤頂長202メートル、堤体積280万立方メートル、総貯水容量1億4462万立方メートル】 1964

年は東京オリンピックが開催された年である。敗戦からの復活を象徴するアジア初のオリンピックに日本中が熱狂し、日本対ソ連の女子バレー決勝戦のテレビ視聴率は85％に達した。だが福田は見ていない。「上司からオリンピックのテレビ観戦を禁止された」からだ。ダム工事に命を懸ける技術者たちのストイックな精神が現場にあった時代だった。

２番目のダム＝九頭竜ダム【福井県大野市長野、ロックフィルダム、堤高１２８メートル、堤頂長３５５メートル、堤体積６３０万立方メートル、総貯水容量３億５３００万立方メートル】　福田が現場に赴任した当時の名称は長野ダムだった。でもこの名称では長野県にあると誤解されると地元の人たちが改名を要望し、川の名をとって九頭竜ダムに変更された経緯がある。ダムは地元の人たちにとって自慢のインフラであったのだ。国内のロックフィルダムでは最大の湛水面積を誇る九頭竜湖に架けられた箱ヶ瀬橋は、本四架橋・瀬戸大橋の技術的テストケースとして造られた。日本の土木技術者たちは、将来のプロジェクトに役立てることを想定し、技術を開発し継承していたのだ。

３番目のダム＝ムダ河プロジェクト【マレーシア、アスファルトフェイシングダム〈註〉、堤高62メートル、堤頂長２２０メートル、堤体積59万立方メートル】　福田にとって初の海外プロジェクトである。世界銀行借款〈註〉による東南アジア最大の灌漑事業で「英語が嫌いだから土木屋になったのに、英語の世界に入ってしまった」。ハリマオー（虎）やサソリや毒蛇の棲むジャングルで、日本人は福田と上司と同僚の三人だけだった。設計を担当した英国人エンジニアの調査ミスによる問題についてクレームを提出、ダムや地質学の世界的な権威者が現地を視察調査して設計改善が実現した。

「技術的分野だけでなく、国際プロジェクトにおけるクレーム処理も体験し、一人前のダム技術者になった記念すべきプロジェクトであり、思い出の深いダムである」

4番目のダム＝會文ダム【台湾、ロックフィルダム、堤高130メートル、堤頂長400メートル、堤体積960万立方メートル】　ムダ河プロジェクトを終えた福田は、日本に帰国せず台湾の會文水庫（ダム）現場に直行した。1970年（昭和45）7月のことで28歳である。結婚し台湾で子供が産まれた。海外勤務続きで家族孝行らしきものは皆無だった福田が、「新婚旅行を兼ねた女房と子供と一緒の台湾での生活が始まり、やっと単身赴任に終止符を打てた」。

だが、それもつかの間だった。1972年（昭和47）9月、日本が中国との国交回復を打ち出したことで、台湾の反日感情が一気に高まり、学生がデモを行い日本の国旗を焼くなどの事件が頻発した。「万が一のことがあってはと、家族を日本に引き揚げさせた。以来、現在まで単身赴任が続いている。政治が絡んだプロジェクトの最初の体験だった」。

原初的技術と最先端技術の融合

５番目のダム＝奥清津ダム【新潟県湯沢町、ロックフィルダム、堤高90㍍、堤頂長４８７㍍、堤体積４４５万立方㍍、総貯水容量１３５０万立方㍍】日本最大級の揚水式発電・奥清津発電所の上部貯水池で、カッサダムが正式名称。揚水式発電は、電力消費の少ない深夜の時間帯に、原子力発電所や火力発電所の余剰電力を利用して、発電用の水車を逆回転させて下部貯水池から上部貯水池に水を汲み上げ、電力消費のピーク時に水を落下させて発電する。奥清津発電所の上部池と下部池の落差は４７０メートルあり、山の地中に建設された急勾配の水路を、同じ水が落下と揚水を毎日繰り返している。

工事が終盤に入って地山からの漏水が発見され、越冬して施工を進め工事の遅れを挽回することになった。積雪32メートルの豪雪地帯の真冬に、75人の越冬隊が一日も休まず作業を続けた。

「ヘリコプターと雪上車による資機材の搬入が連日行われた。ウサギ、キツネ、タヌキ、クマ、キジ、シカ、山で獲れるものはなんでも食糧にした。キツネの肉は臭みが強い。ウサギはカレーにすると特にうまい。発電が開始されたのが１９７８年７月７日。歓声と感激の七夕だった」

工期内に完成させ計画通り発電を開始することが、ダム屋の矜持とするその心意気を示した越冬工事だった。

６番目のダム＝荒川ダム【山梨県甲府市、ロックフィルダム、堤高88メートル、堤頂長３２０メートル、堤体積３０１万立方メートル、総貯水容量１０８０万立方メートル】「県庁所在地に造られた初めてのダムだった。街に近いダムとして話題になった」。福田は40歳を過ぎており、社内でも有数のダム技術者となっていた。

７番目のダム＝万場調整池【愛知県豊橋市、アスファルトフェイシングダム、堤高28メートル、堤頂長３７０メートル、堤体積８２・５万立方メートル、総貯水容量５３９万立方メートル】平野部の低地を掘削して建設した平地ダムである。日本では非常に事例の少ないアスファルトフェイシングダムで、マレーシアのムダ河での経験と知識を見込まれて福田が担当することになった。長方形の調整池を囲む周堤の長さは２２００メートルに及んでいる。

８番目のダム＝サマナラウェアダム【スリランカ、ロックフィルダム、堤高１００㍍、堤頂長５３０㍍、堤体積４５０万立方㍍】　首都コロンボから東へ１５０キロメートルの地点に建設されたスリランカの水力発電ダム。工事が竣工し、試験湛水が開始された直後に地山からの漏水が発見された。止水方法をめぐって国際パネルが設立され、欧米、スリランカ、日本の技術者が現地に集まり検討した結果、発電をストップさせずにすむウェットブランケット工法〈註〉を採用することになり、日本工営とイギリスのギブ社の日英コンサルタント共同チームで投土のための調査と対策が実施された。その止水工事はどのように進められたのか、福田の話を聞いてみよう。

「スリランカ上空を通過する人工衛星のＧＰＳ（全地球測位システム）を使えば、１日23時間30分正確な位置測定が可能なことが分かった。レーダー通信設備を搭載した測量船の指示に従って、粘土質の土を積み込んだバージ船〈註〉が目標の地点1メートル以内に確実に投土する方法を採用した。ウェットブランケットと言われる工法で、湖底に毛布を敷く要領によって地山の割れ目をふさぐ。これを昼夜休みなく続行し、当初の計画投土量のほぼ半分の量で漏水を止めることができた」

湖底を粘土で被覆するという原初的土木技術と最先端情報技術の組み合わせの妙に、シビル・エンジニアリング〈註〉の奥の深さをあらためて知らされる。

９番目のダム＝ウオノレジョダム【インドネシア、ロックフィルダム、堤高１００メートル、堤頂長５４５メートル、堤体積６２０万立方メートル】ジャワ島の東端にあるインドネシア第2の都市スラバヤを流れるブランタス河の上流域に、日本の有償資金協力で建設された利水、治水、発電、灌漑などの多目的ダム。経済成長を続け人口が集中しているスラバヤの都市用水や工業用水供給に大きな役割を果たしている。

10番目のダム＝ダウリガンガダム【インド、コンクリート遮水壁型ロックフィルダム、堤高57メートル、堤頂長２７０メートル、堤体積１１８・3万立方メートル】首都ニューデリーから車で17時間走ったチベットとの国境に近い場所に、鹿島建設と韓国の大宇建設の共同企業体が建設したこのダムは、実に興味深い特徴を持っている。

「ダム本体が軟らかい砂礫の上に載せるように造られている。日本では硬い岩芯が出るまで掘削してダムを建設する。どちらが良い悪いの問題ではなく、インドと日本の技術に対する考え方の違いである。もちろん建設コストはインドのやり方が圧倒的に安い」

工法技術もユニークである。

「ダム本体の貯水池側に地中連続壁工法〈註〉で深さ70メートルのコンクリート連続壁を造った。これによって砂礫に浸透する水を遮断する。連続壁には鉄筋を入れず軟らかいプラスチックコンクリート〈註〉を打ち、地山と弾性係数を同じにして、地山が動けば連続壁も一緒に動くようにしてある。さらにロックフィルダムの表面を鉄筋コンクリートでフェイシングしている。斜面長さ80メートル、幅２７０メートルのフェイスの鉄筋組み立てを人力で行うことで、労働者の雇用を拡大した」

ロックフィルダム工法と地中連続壁工法は、日本でも普及している技術である。だが、そのふたつの工法を組み合わせたダムは日本には少なく、さらに、砂礫上にロックフィルダムを建設し、止水を連続壁で行った事例は、北海道の忠別ダムなど数例である。

福田が手がけてきた国内外の10のダムをざっと紹介してきた。そこには、日本と途上国の経済発展の歴史と趨勢がそのまま投影されている。福田はその体現者であり、証言者である。

海外の現場から日本人が減少

経済が成熟期に入った先進国のインフラ整備が、量から質に変化するのは自然の成り行きであり、工事量が減少するのも当然の道筋である。「量」が「質」を生み出すことは否定しないが、量がなければ質を創り出せないという論理は成立しない。より大きなものをより多く造る仕組みの中で発展してきた日本の土木技術が、量から質への転換を求められ岐路に立たされたのは15年前である。そのことに最も敏感に反応すべきだったのは、土木技術者自身であったはずである。BOT〈註〉、PFI〈註〉、PPP〈註〉など新たなインフラ整備手法が導入されたけれど、土木技術者自身が創出した新たな「質」がどれだけあるだろうか。「質」の創出どころか、技術者が技術を喪失しつつあるようにさえ見える。福田の次の言葉を、日本の土木技術者たちはどう受け止めるのだろうか。

「日本ではもうダムを造るのが難しい環境にある。ダム工事がなければダム技術が錆びてしまう。ダム技術者の余剰現象も顕在化し始めており、技術の継承が困難になっていることが深刻な問題である。生きた技術は現場で活用されなければ、やがて消滅してしまう。フランスは各国でダムを建設してきた実績があり、ダムの世界では公用語がフランス語と英語であり、日本語は認められていない。近い将来に中国語が公用語になるかも知れない」

途上国のダム建設需要が顕在化するのはこれからである。ロスの少ない遠距離送電技術が開発されれば、温暖化ガス発生を抑制できる水力発電の潜在需要はさらに高まるはずである。ＩＰＰ（独立系発電事業）〈註〉による売電ビジネスも拡大しつつある。そうした新たな市場が動き出した時に、日本から送り出せるダム技術とダム技術者がどれだけ存在しているだろうか。

「海外における日本の工事現場から日本人技術者が減少している」と福田は言う。その背景にあるのは、日本人の賃金の高さや滞在費などのコスト増だけではなく、国籍や国境を越えた技術者や人材の流動化の急速な進行である。インドのダウリガンガダムで福田は、米国、ドイツ、スウェーデン、韓国などの国々の技術者や社員を雇用し、12カ国の人々と一緒に工事を進めた。

「海外の現場で活躍する途上国の技術者たちの中には、賃金が安いだけでなく、優れた技術を持った人材が増えている。英語だけでなく複数の言語に堪能な人が多いのも彼らの特徴であり、文化、習慣、宗教の異なる海外生活に順応する強さも兼ね備えている。インドは夏の気温が47度の猛暑、冬にはマイナス4度まで下がり雪が降る。そうした過酷な気候の中でもひるまずに現地の食事を食べて頑張る。海外工事では厳しい環境や異文化での生活は当然とする心構えができており、そこには土木技術者としての誇りと使命が働いている。だから、他の国のプロジェクトに移っても、一緒に仕事をした人たちに声をかけると喜んで集まってくる」

国際プロジェクトは入札の国際化だけでなく、人材の国際化、技術の国際化の舞台であり、そのネットワークやステージで活躍していくには、技術者個人の存在感を示していくことが必要になってくる。これまで組織で動いてきた日本人技術者が転機に立っている。

日本の土木技術者には、国内プロジェクトと海外プロジェクトを異次元のものと捉える意識があった。現在もその発想を払拭しきれずにいる。一方、世界の土木技術者たちは、地球上のプロジェクトは全て自分の能力を発揮できる舞台であると捉え、飛び回っているのだ。

１９８０年代に日本の年間公共投資額が、日本の25倍の国土面積を持つ米国よりも、15カ国が加盟（当時）するＥＵよりも多い時代があった。世界が驚異と奇異の目で見つめる中で、極東の〝小さな建設大国〟は世界に冠たる技術を生み出してきた。しかし、その時代が終わったことに、そして、土木の市場を国内と国外に分離してビジネスができる時代が終わったことに、日本国内の土木技術者は無防備なのではないだろうか。

「気候条件も生活条件も厳しく不便な国で仕事をしていると、なぜこの国でこのプロジェクトを必要としているかが見えてくる。つまり、その厳しさと不便さがビジネスチャンスであることが分かってくる。日本と同じレベルなら、自分がこの仕事をやる機会がなかったはずである。イスラム教徒はラマダン（断食）の季節に入ると、昼間は食事も水もタバコも一切口にしない。豚肉を食べないイスラム国から日本に帰るとトンカツと酢豚ばかり食べてしまう。牛肉を食べないヒンズー教のインドから帰国したときには、夏でもスキヤキを注文してしまう。それほど文化が違っていても土木技術は共有できる。

技術者の心がひとつになる。現場で一緒に仕事をしながらさまざまな国の技術者を育て、その技術者が世界に羽ばたいていく姿を見るのは、工事の完成の喜びとは違った喜びと嬉しさである」福田のこの言葉がズシリと重い。

人間は誰でも1日24時間

話をしているときの福田はいつもニコニコしており、ふくよかな丸顔がさらに優しくなる。だが、その柔和な表情から飛び出す話の中身は、いくつもの修羅場を越えてきた者の隙と無駄のなさと、妥協を許さない厳しさに満ちている。

「国際プロジェクトは、国際コンサルティング・エンジニヤ連盟（ＦＩＤＩＣ）の標準契約約款に基づいて、起業者（発注者）、エンジニア、施工業者それぞれのテリトリーが明確かつ対等に位置づけられている。施工業者がエンジニアに設計変更を直接交渉できる。コストダウンを図れる設計変更であれば、エンジニアも起業者も実にフレキシブルに対応する。ただし契約は全て文書で取り交わすこと。口頭での契約は何の効力もない。契約現場では仕様書が全てであり、仕様書の中身を熟知していないと工事はできない。契約書に書き込まれているかいないかで全てが決まる。契約書に書いてないことをやらされたら、クレームを申請すればいい」

わずかな枚数の書類を取り交わし、発注者（甲）と受注者（乙）の責任領域を明確にせず、契約後に「甲と乙が協議して決める」ことを基本にしている日本の契約約款との徹底的な違いである。

「現地の人や他の国の人を雇用する場合も、雇用条件を必ず文書で交わすこと。1カ月間のテスト期間を設けて見込みがなければ雇用しない。現場で問題を起こした者にはワーニングレター（注意書）を出し、ワーニングレターが3枚になったら解雇する」

「現地の人と日本人の間でトラブルが発生したら、どちらが悪いかどうかは別にして日本人を帰国させる。冷たい処置ではあるが、日本人は現地の人を育てる立場にあり、理由はどうであれトラブルを起こした日本人を帰すことでけじめをつける」

「現場の労働者が結成した労働組合とは、できるだけ良好な関係をつくる努力をする。問題が発生した際の労使交渉の場には、現地の労働基準監督署の担当者をオブザーバーとして同席させる。労働基準監督署とは事前に打ち合わせをして、妥結のシナリオを作って交渉に臨む。労使間の紛糾による工期遅延や工事費増は、紛糾を未然に防げなかった現場所長の責任であり、組合との良好な関係維持や交渉の駆け引きも、所長に必要な能力、器量の一部である」

さらに福田は、現場所長の心得をいくつかあげた。

「所長は工事をスタートさせる時すでに、着工から竣工までの計画を完成させていなければいけない。工事の進行計画だけでなく、重機、資機材の調達、作業員の手配など全ての段取りが頭の中で出来上がっていて、それを形にしていくのが工事現場である。建設機械や材料を日本から搬入すると輸入税がかかり、おまけに税関の審査に2カ月かかる。そうした事情を予め織り込んで計画を立てておかないと、必要な資機材が必要な時に間に合わず、たちまち工程が狂ってしまう」

日本にも「段取り八分」という言葉がある。工事の円滑な進捗は段取りの良さでほぼ決まってしまうことの譬えである。レンタル会社や販売店に電話を1本入れるだけで、翌日には現場に重機や資材が搬入される日本においてさえ「段取り八分」なのだ。海外工事においてはなおさらであろう。

「所長は赤字を出して日本に帰るわけにはいかない。現地経理に精通することが絶対条件。日本から機械を持ち込めば輸入税がかかり、日本に持ち帰る際には輸出税が課税される。それを計算して日本から運ぶか現地で調達するか安い方を選ぶ。途上国では外国企業に対する所得税が非常に高いだけでなく、工事金額の10％を利益とする〝みなし税〟を徴収する国もある。為替交換レートと現地銀行金利の変動を絶えず睨んで資金を運用する。金には色がついていないのだから所長は何で儲けてもいい。とにかく損をださないこと」

まるで最前線のトレーダーのような話を、福田はニコニコしながら言う。筋金入りの男の笑顔である。

日本の建設業界は30年来、国際競争力の強化を掲げている。だがその国際競争力を価格競争力と一括りにして捉えてきた。しかし、福田が指摘した契約、雇用、調達、金融など諸々の高度なマネジメント能力の収斂が価格競争力の正体であることを知らされる。

福田は、工事中の国で発生した暴動や紛争を何度か体験している。

「スリランカで暴動が起きた時は、一緒に仕事をしていた英国人と海岸まで逃げ、待機していた英国の軍艦に乗せてもらって脱出した。英国政府は自国民を救出するために軍艦を出動させたが、日本政府や現地大使館からは、具体的な支援はなかった」

そうした現実が、日本の国際競争力の弱さと無関係ではない気がする。

熱心に聴き入っていた若者たちに、福田はこんな言葉を贈った。

「観光旅行は自前で行かなければいけないが、仕事は会社の金で海外に行ける。国内では技術者個人は歯車の一つであるけれど、海外では大きな権限を与えられ、大きな仕事ができる。世界の人たちと友達になれる。世界の食事が食べられる。若いうちにぜひ海外に出て、さまざまな国の人たちと交流して欲しい。ビジネス公用語が英語であることにはもう逆らえない。英語を否定してきたプライドの高いフランスでも、地下鉄の車内に英会話学校の広告がたくさん貼られている。だから英語で話せるよう努力することと、下手な通訳でも訳せる日本語で話すことが大事」

そしてこう締めくくった。

「人間には皆な平等に1日24時間が与えられている。一国の大統領も首相も私も1日は24時間。こんなフェアで愉快なことはない。その24時間の使い方は個人の考え方しだい。24時間の積み重ねがその人の一生。思い出はたくさん作った方がいい」

福田に「日本と海外とではどちらがプロジェクトをやり易いか」と聞いてみた。即座に明快な答えが返ってきた。

「海外の方がやり易い。日本では役所や設計者などの上下関係やしがらみが多すぎる。海外では技術者の独立性と裁量の自由性が確立されている。契約した技術者に権限と責任をもたせ全てを任せる。日本にはその思想と理念がない」

国内で5つ、海外で5つのダムを造ってきた福田のこの言葉に、日本の産官学の技術者が真剣に向き合うことを迫られているのではないだろうか。

「海外では仕事がやり易いだけでなく、さまざまな国の人を育てながら工事を進める楽しみと魅力がある。目的をひとつにして頑張ったその人たちと工事の完成を祝う喜びは、土木技術者の冥利につきる。日本の若い技術者もその喜びに挑戦してほしい」

福田はいまアルジェリアにいる。アルジェリアを東西に走る1000キロの高速道路建設の現場で指揮をとっている。

福田勝行、1942年（昭和17）生まれ65歳。

チベットとの国境近くに建設されたインドのタウリガンガダムの左岸頂で撮影。後方遠くに雪を抱いたヒマラヤの鋭い稜線が見える。右から韓国・大宇建設の SOE 工事部長、福田、鹿島建設海外支店の田嶋副支店長、大宇建設の LEE 副所長。

2004 年 5 月に韓国で開催された「第 72 回世界大ダム会議年次例会」に出席した時に、似顔絵描きが集まるソウル市の一画で、同伴者に冷やかされながら描いてもらった 1 枚。にこやかな福田の内面の厳しさを捉えたような描き方である。

VI「海外建設ビジネス実践考現学」

「契約」は複合民族社会の必然のルールだった

市川　寛

香港での「雑学研究事始め」

愛媛県松山市の道後温泉のすぐ近くに、市川寛が主宰する「まるいち雑学開発研究所」がある。市川の書斎兼アトリエが研究所であり、常勤研究員はおらず看板も出ていない。だが、松山の人たちは研究所を知っている。地元の企業経営者、商店主、医者、会計士などさまざまな職業の人たちが、研究所を訪れたりEメールでアクセスしてくるからだ。市川に講演や執筆を依頼してくる団体やメディアも少なくない。

そうした相談や依頼に対して、20年余の海外生活の体験、知識、人脈を駆使してたちまち的確な答や情報を提供してくれる市川を、周りの人たちは〝海外ビジネスアドバイザー〟の肩書きをつけた。

でも市川は経営コンサルタントではない。土木技術者である。

大学を卒業して西松建設に入社、土木設計部で国内の工事に携わっていた市川が、同社の香港支店に赴任したのが１９７９年（昭和54）だった。香港地下鉄の駅舎の設計を手伝うための赴任であったが、市川はそのまま香港に居住してしまう。

当時の日本のゼネコンは、海外工事で苦汁を飲まされるケースが相次いでいた。プロジェクトの開発、入札、契約、折衝などの建設ビジネス、建設マネジメントのノウハウが著しく不足していたからである。発注者と受注者がまるで仲間同士であるかのように、阿吽（あうん）の呼吸が通じ合う日本国内の建設市場で育ってきた日本のゼネコンは、国際競争市場での知恵比べのような契約や交渉のシステムを熟知しているしたたかな海外の発注者やコンサルタントから見れば、世間を知らない子供同然であったのだ。

その実態を目の当たりにした市川は、国際契約システムとそれをもとに動く海外の技術者や法律家の心理や行動を、徹底的に分析していく。そして見えてきたのは、無理難題ともこじつけとも言えるような要求を突きつけてくる彼らが、実に契約書とその内容に忠実、公平であり、成文化された契約書が行動力の源泉であり、それがなければ彼らは意外なほどに無力なことだった。

背後からいきなり切りつけたり、徒党を組んで弱い者いじめをするようなアンフェアな行動はしない代わりに、いかに自分にとって有利な契約書を取り交わすかに能力と精力を費やすのだ。契約書に書き込まれている文章の解釈だけでなく、ひとつの単語の解釈やカンマの打ち方にいたるまで綿密に計算し、不測の事態に備えて成文化する。ひとたびトラブルが発生すると、彼らは契約文書を盾にして、自分側に非のないことを力説する。

その言い分がほとんど因縁をつけるごとき主張や論法だとしても、そうした付け入るスキを残した契約文書を取り交わした側に、非があるとするのが彼らの論理であり公平さなのだ。

だとしたら全く同じ手法で渡り合えばいいのだと市川は考えた。市川の猛烈な勉強と実践が始まった。あらゆる事態や局面を想定して契約書類を検討し、事に遭遇した時には相手側に非があることを立証するロジックの組み立てを身につけ、知恵比べ根比べのような重圧に耐えられるしたたかな交渉術を体得していった。土木技術者の市川の体に、老獪な法律専門家とタフ・ネゴシエーターが同居しているようなものである。

そうした市川の建設ビジネス学と実践理論は、香港だけでなく東南アジア、イギリス、フランス、米国などの建設プロジェクトにおいてさらに磨かれ、市川は国際プロジェクト市場で一目置かれる存在となっていく。海外では、自分の正当性を立証することで勝負に勝つ能力と、その裏づけとなる用意周到な論理とデータを持っているエンジニアを、手強いプロフェッショナルと認めながらリスペクトする風土があるのだ。もし、日本国内で市川が同じ手法を実践したとしたら、発注者は即刻出入り禁止を言い渡し、同業他社は市川を爪はじきにするに違いない。海外と日本の決定的な相違である。

１９９９年（平成11）、現役をリタイアし、20年余に及んだ海外生活に区切りをつけ帰国し、市川は松山市に居を構えた。

「私の故郷は神奈川県小田原市で、波の荒い相模湾を見て育った。静かで穏やかな瀬戸内の海を見て感激し、松山に終の棲家を決めた。松山市民になってまもなく10年になる」

一方、「まるいち雑学開発研究所」は、市川が香港に居る時に開設したものだから、かれこれ25年になる。

「西松建設香港支店で仕事をしながら、専門家はそれぞれ得意な分野に特化して他の分野に疎くなり、視点の違う発想やアイディアを出せないことを痛感した。そこで国籍、性別、年齢、職業など全く問わず、雑談しながら意見を交換する集まりを創った。そのコミュニケーションの場に、実に多種、多様、多才な人たちが参加してきた。その中のひとりに絵描きがおり、彼の言ったキャンバスの上を流れる絵具の話が、コンクリート流動性の研究の大きなヒントになったこともある。その交流の場が『まるいち雑学開発研究所』と呼ばれるようになった。『まるいち』の名は、私が設計図や書類に目を通した後に、市川の『市』の字を○で囲んでサインをしていた。それを外国人が面白がって私のことを〝サークル・イチ〟と呼んだのが、研究所の名前になった」

市川のこの話を聞きながら、道後温泉に縁の深い夏目漱石が、文部省からの博士号授与を辞退した1911年（明治44）に、兵庫県明石の公会堂で行った講演を思い出した。それを引いてみる。

〈人文発達の順序として職業がたいへん割れて細かくなると妙な結果を所々に与えるものだから（略）、職業の性質が分れれば分れるほど（略）、職業線の上のただ一線しか往来しないで済むようになり、また他の線へ移る余裕がなくなる（略）。自分の専門は、日に月に、年にはむろんのこと、ただ狭く細くなってゆきさえすればそれで済むのである〉〈あなたがたは博士というと諸事万端人間いっさい天地宇宙のことを皆知っているように思うかもしれないがまったくその反対で（略）、博士の研究の多くは針の先で井戸を掘るような仕事をするのです。（略）博士論文というのを見ると存外細かな題目を捕えて、自

分以外には興味もなければ知識もないような事項を穿鑿しているのがだいぶあるらしく思われます〉

1世紀前に漱石が警戒と皮肉を込めて指摘した知識と思考の専門細分化が、さらに進行して現在に至っている。もちろん土木技術者の世界も例外ではない。

「まるいち雑学開発研究所」の市川所長が語る〝海外建設ビジネス実践考現学〟を聞いてみよう。

『ヴェニスの商人』に見る契約

私たち日本人が思い浮かべる「世界地図」は、日本列島が中央にあり、左側にユーラシア大陸、ヨーロッパ、アフリカ大陸へとつながり、右側に太平洋を挟んで伸びる南北アメリカ大陸の構図と決まっている。でも、ヨーロッパの世界地図で日本列島は、地図の右端からはみ出そうな位置に描かれている。オーストラリアで使用されている世界地図は、オーストラリア大陸が中央上部を占めており、北半球は下側にあり日本列島は九州が上に北海道が下になっている。

地球上にある193の国がそれぞれ自国を中心にして、世界地図をイメージしているわけで、日本の世界地図が特別に変わっているわけではない。ただ、日本のような単一民族国家は例外に近く、ほとんどの国は異民族集団の複合民族国家であるという現実、実情を見逃してはいけない。複合民族国家の人たちは、自国に居ながら絶えず異民族と接しながら日常生活を送っており、彼らが他国に行くことや外国人と向き合うことは、国内での生活、体験の延長にすぎない。日本から一歩外に出ることが、異民族社会に入ることを意味する日本人との大きな違いがそこにあるのです。

私たち日本人の心理には、「日本と外国」「日本人と外国人」といった具合に区別して対比する意識が根強くあるけれど、他の国の人たちは、人間社会は異質な者同士の集団であることを前提として、どの国の人に対しても「自分と他人」「敵か味方か」の概念に立って向き合う意識を優先させる。その違いが、海外でビジネスをする日本人にとってハンディキャップになっているとの見方があるが、それは対比意識構造から抜け出せないゆえのハンデなのです。

国と国、企業と企業のビジネスでも、それを進展させるのは基本的に個人と個人の能力であり、多くの職種と人間が能力を出し合う建設プロジェクトではなおさらです。個人対個人がそれぞれ自分の主張と能力をしっかりぶつけあうことでビジネスやプロジェクトを成立させ、それが良好な結果と成果を生み出していくのです。

また、日本は性善説的な「信用社会」、欧米は性悪説的な「契約社会」と対比させて、相互信頼をベースにする日本人は海外では不利だとする考えがいまだにある。でもそれはおかしい。そもそも「契約」は、どちらか一方だけの有利性や不利性を排除するために、人間が考え出した知恵とルールなのであって、日本人に不利にできているわけではない。多種多様な複合民族社会の中で取引きを成立させるには、どの国の人、どの民族の人でも同じ条件で同じ土俵に上がって勝負できる普遍的な仕組みが必要であり、それが「契約」の原点になっているのです。

従って、国や民族を問わず認め合い共有し合える「契約」の基本要素は、「公平性」「対等性」にあります。

日本国内の建設ビジネスにおける発注者と受注者あるいは元請けと下請けの関係をみると、初めから立場の強弱関係、上下関係があって、その暗黙の了解の中で契約が行われている。強い立場側は要求を通せるが、弱い立場側はそれを受け入れざるをえないのが現実で、つまり「公平性」「対等性」が担保されていない。〝片務契約〈註〉〟という不満や実態が発生しているのもそのためです。片務要素を介在させて結ぶ契約は、本来、「契約」ではないのです。

では、海外の建設ビジネスでは誰でも公平性や対等性が保護された契約によって、全てが丸く治まるかと言えばそんなことはない。契約はプロジェクトごとに、取引きごとに行うものだから、それぞれ内容が違う。その契約の中身を決めるのは当事者同士であり、それぞれ徹底的に自分側の主張を出し合う。発注者に対しては強いことを言えない、下請けだから我慢するといった力関係を介入させないことが、公平性、対等性の正体のひとつです。当然のことながら、それぞれの利益を確保し、リスクを軽減するために意見や主張が激しく対立する。その中から双方が納得し合える内容を見出し、合意が成立すればその内容が「契約」となるのだから、契約に至るまでのプロセスで公平性と対等性をお互いがフルに活用する。

そのプロセスのやりとりが不得手だからといって、契約社会は日本人にとって不利だというのは論理のすり替えであり、信用社会なら海外ビジネスも成功すると考えるのは幻想にすぎません。

ビジネスごとに業務ごとに違ってくる契約を、どのような中身で締結するかをめぐって当事者同士が熾烈な競争をすることになる。国際競争と言うと日本人は短絡的に価格競争を思い浮かべるが、契約の中身の競争こそが国際競争の本質と言ってもいいほどです。とくに建設ビジネスには長期にわたる工事が伴い、予期しない事、不測の事態がつきもので、それをどう処理し解決するかは、当事者同士が交わした契約の中身しだいになる。だから契約はすべて成文化されて当事者が持ち合うことになるが、その成文が不測の事態に臨んだときに、いかに有利な効力を発揮できるものにするかを競争するのです。さらに、文章の解釈の仕方はひとつだけとは限らないから、契約書の成文化には双方とも細心の注意を払うことになる。

シェークスピアの『ヴェニスの商人』を例え話にあげてみます。貿易商のアントニオが貪欲な金貸しシャイロックから借金するときに交わした契約の証文は、期限まで返済できない場合には左胸の肉1ポンドを切り取らせるというもの。シャイロックは裁判所の法廷で証文を見せて、アントニオの心臓近くの肉1ポンドを切り取ることを要求する。女性裁判官・ポーシャはシャイロックの正当性を認めたうえで、「契約書には肉1ポンドとある。ゆえに一滴の血も流してはならない」との判決を下しアントニオの命を救う。

言いがかりのような判決ですが、契約文書の解釈の怖さと強さを教えてくれる場面です。シェークスピアが寓話をもとにして『ヴェニスの商人』を書いたのは16世紀末ですから、すでにその時代に欧州では契約の厳しさを認識していたわけで、そうした社会通念や価値観の歴史の中で生きてきた民族の子孫が、21世紀の現在も契約社会を形成していることを念頭に入れておく必要がある。

次に、海外の建設プロジェクトにおける契約書について具体的に説明しましょう。

公平性と対等性と階級制度

さまざまな国や民族の人が参画するプロジェクトの契約を成立させるには、先にお話したように、価値観の異なる者同士でも納得できる普遍性のあるルールと仕組みが必要になる。その機能を果たしているのが、国際コンサルティング・エンジニヤ連盟の「国際標準契約約款」（ＦＩＤＩＣ）と「英国土木学会約款」（ICE Contracts）です。海外での建設事業のほとんどは、ＦＩＤＩＣあるいはＩＣＥのいずれかに基づいてビジネスが展開されていると考えていい。二つの約款の基本的な仕組みに差異はありません。

その基本とは、発注者と請負者の間に「ジ・エンジニア」が介在する三者構造の契約になっていることです。ジ・エンジニアは、発注者の代理人としての独立した立場で、契約が正しく履行されるように監理する役割を担っているが、発注者の代理人だからといって発注者に一方的に与するのではなく、発注者と請負者が交わした契約通りに業務が行われているかを中立的、客観的な視点でプロジェクトの進行を監理する。工事の途中で発注者と請負者が、契約書の解釈をめぐって対立、紛糾した場合の判定、調停、解決などの最終決定もジ・エンジニアの役目となる。

契約書は法的文書ですから、公平なジャッジをするには法的な知識が要求され、ジ・エンジニアは技術者であると同時に法律家的な存在であり、プロジェクトにおいて非常に重要で高い地位にあります。ジ・エンジニア抜きではプロジェクトが進行せず、従って、請負側の技術者も業務の半分以上は法律家を相手に仕事をしているようなものです。

日本の「公共工事標準請負契約約款」では、発注者（甲）と受注者（乙）だけで、そのどちらにも属さないジ・エンジニアは存在しておらず、問題が発生した場合は甲と乙が協議して対処することになっています。この二者構造は発注者の監理業務が過大になるだけでなく、問題の処理、判定、解決の際に立場や力関係の強弱によって公平性が損なわれたり、逆に甲と乙の馴れ合いや癒着を招く要素を秘めている。どちらが良い悪いではなく、複合民族社会では三者構造の契約形態でなければ公平性、対等性を担保できない環境にあったゆえに、ジ・エンジニアの存在が必然だったと言えるでしょう。

このように、海外と日本では契約の基本形態が全く異なっていることを知っておく必要があります。

次に海外の建設ビジネスにおける「契約書」について述べてみます。これまで便宜的に「契約書」と表現してきたけれど、契約書という単体の書類はありません。発注者と請負者が契約に合意したことを法的に示す「契約合意書」（Form of Agreement）と、契約合意書に明記されている数種類から十数種類に及ぶ通信文、書類（仕様書）、図書（契約図面）などの書類群を総括したものが、「契約書」（Contract Documents）と呼ばれている。そうした契約書はその有効性が公的に保証される法的文書であり、契約を結ぶ前に入念にチェックして、後で不利になりそうな条項を排除しておかなければいけない。契約合意書に署名した後で不備に気がついても契約の変更はできない。悔やんでも後の祭りです。

とくに建設プロジェクトの技術的基本性格を規定する仕様書（Specification）と契約図面（Drawings）の読み方には、細心かつ最大の注意を払わなければならない。仕様書は発注者の技術上の要求を詳細に記したものであるが、その中に矛盾点、あいまいな点、不明確な点などがあったら、細大漏らさず発注者に問い質して正しい解釈の仕方を確認し、それを文書化しておくことが必須条件です。もし論理性に欠けるところがあれば仕様書の修正、変更を要求してもかまわない。ひとつの文章でも複数の解釈が成り立つことが多々あり、初めからその〝落とし穴〟が用意されている場合もあり、たった一つの単語や表現によって大切な利益を失ったり、大きな赤字を背負うはめになることだってある。独りよがりの解釈、不用意な理解は絶対に禁物。日本のようにお詫びして許してもらうことなどできない。それを許すことは、海外ではアンフェアな行為であり、契約の基本から外れた行為とみなされる。

まさに「契約書、仕様書の解釈の正否は、ビジネスの成否を左右する」です。

さらに留意すべきことは、こうした契約システムに対応するための「階級制度」が存在しているという現実です。人種や身分の差別意識とは異なる次元の階級制度が、ビジネスの中で強く機能している。海外では官民を問わず機関や企業が組織を維持していくうえで最も重要視しているのは、「権利意識」「責任の所在」「権利と責任の範囲の明確化」です。この三要素は個々の職員や社員の地位や手順にまで徹底しており、それぞれの権利、権限を超えた判断や指示は無効となり、同時に、範囲を超えた責任を負う必要もない。

例えば、発注者側の技術者Aが施工効率をアップするアイディアを思いつき一緒に仕事をしている施工者側の技術者Bに話し、Bがそれを上司の現場代理人Cに報告し許可を得て、そのアイディアを採用する。このとき大切なのは、Aのアイディアが発注者としての指示なのかを確認し、さらにCと同格以上の権限を有している発注者側の工事長Dの指示があったことを記録した書面を残すことです。

たとえAのアイディアで良好な成果を得られたとしても、Dが承認しCに指示したことが明らかでないと、アイディアを採用したことで発生したコスト変動や施工手順の変更の責任を、Dは施工者に押し付けてくる。技術者の良心と善意でやった事でも、権限と責任のランクと秩序を無視した行為を重視する。「結果オーライ」は許されない、厳しい階級制度が存在しているのです。

では、発注者の作成した計画や設計などが、受注者にとって不可侵のものかと言うと決してそうではない。入札の際にも、受注した後でも絶えず発注者は「代案」を求めてくる。「代案」を出せない業者は能力がないと評価されてしまうほど、海外では「代案」提出は常識化している。発注者にしてみれば要求したものをより安く早く調達できればいいわけで、発注者の計画や設計は「一つの案」にすぎないとの気概を持って、よりよい代案を積極的に提出する業者を評価する。ただその場合にも、権利と責任の秩序に沿ったプロセスを踏まなければならないのは言うまでもない。

日本の公共工事では、権限と責任の所在も範囲もあいまいな契約なのに、発注者の計画や設計を絶対視する思想と風潮があるのを奇異に感じます。最近では総合評価方式、提案型入札なども取り入れられているようですが……。

技術プラス人間性が「技術力」

ビジネスは基本的に個人と個人のやりとりで進展するものだから、相手に自分を認めてもらうことが前提となる。そのためのエッセンスをいくつかあげてみます。

まず、自分に誇りを持つことです。外国人は自分の国、民族、歴史、文化に強烈な誇りと自尊心を持っており、その人たちと対等につきあうにはこちらも同じ程度以上の誇りと自尊心を持って向き合う必要がある。そのために日本の歴史、文化、政治、経済などについての基礎的な知識を備えたうえで、自分の専門分野の教育レベルや実績を相手に示すことが大事ですが、さらに専門以外の文学、芸術、哲学などの知識をさりげなく会話に入れて、知性、教養の豊かさを認めさせることです。自分を卑下し卑屈になるのが一番よくない。

そして、沈黙は「金」ではなく「屑鉄」にもならないことを知るべきです。最小投資で最大効果を考えるのがビジネスであり、それを達成するために相手はストレートにものを言ってくる。それに負けずに自分の意見を堂々と主張する必要がある。沈黙していては理解を得られないどころか、無能力、無意思とさえ思われてしまう。

外国人相手の会話において政治や宗教を話題にすることも大切なポイントのひとつです。海外では政治や宗教に触れない方が良いという考えは誤った認識で、逆にマイナスになる。どの国の人も政治と宗教を、日常生活に深く密着した問題ととらえており、無関心を装うことは誤解や疑心を招く結果になる。政治や宗教について考えを出し合った会話をすることは、むしろ相手との距離を近づける結果を生んでくれる。

「謙譲の美徳」は日本人だけの特徴ではありません。お互いが相手の教養、知識、知性、品性のレベルを暗黙のうちに認め合い、人格やインテリジェンスを共有できるようになり、かなり親しくなってくると、謙譲の美徳が決して日本人の専売特許ではないことが見えてくる。どの国の人でも相手を思いやり譲り合う優しさを持っており、それに触れたときに同じ人間であることを実感し、密度の濃い信頼感が生まれた手応えを感じて嬉しくなる。

このように、「相手に自分を認めてもらう」ことは、「自分が相手を認める」ことと同義なのです。これはビジネスの世界に限ったものではなく、異なる国や民族の人同士のつきあい全体に通じることであるはずです。

十数年前から日本では「グローバリゼーション」〈註〉なる言葉が盛んに使用されていますが、この言葉を意識するときに、グローバル化によって日本特有の良さが破壊される、あるいは日本はグローバル社会に乗り遅れているといった具合に、両極端の議論だけにこだわり過ぎている印象をうけます。グローバル化の潮流に被害者意識や自己卑下意識で向き合うのは、グローバリゼーションの本質を見極めずに、正しい対応を見失っているからです。

品質に関する国際規格（ＩＳＯ９０００シリーズ）の一例をあげてみます。実は、ＩＳＯは品質管理先進国の日本とドイツに〝足かせ〟をはめるために、英国のマーガレット・サッチャー首相が考え出した国際戦略なのです。日本は欧米から学んだ工業生産の品質管理の仕方を、日本の精神風土や社会構造に合わせ非常に優れた日本独自の品質管理手法を構築していった。価値観を共有し合える単一民族国の強味を活かしたその品質管理によって生産された高品質の日本の工業製品が、１９７０年代後半から欧米を席巻するまでになった。

危機感を持ったサッチャー首相は、複合民族国家である英国の工業製品の品質レベルを上げるために、従来の英国規格（ＢＳ）の改訂・追補版を打ち出す。さらにその新・英国規格を欧州規格にして、最終的には国際基準にすることが彼女の狙いだったのです。その作戦とプロパガンダが功を奏し、日本の企業もこぞってＩＳＯ取得に走ったのですから、彼女の英国文化のグローバル化戦略は見事に成功したわけです。

でも、日本の製造企業や建設企業がＩＳＯを導入した以降に、偽装、偽造、隠蔽など品質管理の低下を暗示させる事象や事件が相次いでいることは、なんとも皮肉な話です。

他国がまねのできない日本特有の良さを捨てて闇雲に国際基準に迎合するのではなく、日本の良さを失わずに国際性を高めていく冷静な主体性を持った対応こそが、日本の真のグローバル化でしょう。

ですから、日本国内の建設市場でビジネスをする外国企業には、日本の契約システムに従ってもらうのは当然であり、会話も文書も日本語を使用することを義務づける。ただし、日本企業にとっても外国企業にとっても同じ「公平性」「対等性」が保証される土俵を用意することが大前提です。

これまで随分と厳しい話をしてきましたが、海外のビジネスにおいて日本人が劣っていて、外国人が優れているということは全くありません。他の国々の技術者から尊敬されて活躍している日本人土木技術者がたくさん存在しています。その人たちは何度も失敗を経験し悔し涙を流して、勝負に負けない精神力と勝てる技術を磨くことで、国際舞台でスポットを浴びる名役者の座を築いたのです。

若い皆さん、ぜひ海外に行って活躍する気概を持ってください。

さまざまな国と民族の人たちと触れ合うと、いくつもの「世界地図」があることが見えてきます。世界が見えてくると日本が見えてきます。その視線が必ず豊かな感性と人間性を創り出します。

「技術」はツールですが、それをより価値あるものにして社会に提供する「技術力」は、「技術プラス人間性」のことです。シビル・エンジニアが求められているのも、その「技術力」なのです。

まだまだお話したいことがありますが、時間がきてしまいました。

【参考】

○夏目漱石の講演の〈 〉内は、「日本の名随筆集『商』、道楽と職業」（作品社）から抜粋引用しました。

○〝海外建設ビジネス実践考現学〟のくだりは、市川寛氏が「月刊・愛媛ジャーナル」に連載した『海外建設商売覚え書き』を参考にしました。

香港新国際空港。3 億 m^3 の土地造成による沖合人工島の空港を、西松建設をリーダーとする国際共同企業体（日本・英国・米国・オランダ・ベルギー）と、多国籍下請けグループが 5 年 8 ヶ月で完成させた。国際基準の共有がそれを可能にした。

香港での地鎮祭。安全祈願、工事成功祈念の「パイサン（拝神）」は、大乗仏教のしきたりに従って行われる。祭壇に子豚の蒸し焼きを並べ、線香を上げ三拝した後、鉈のような包丁で子豚を縦に切る。参加者全員に子豚の肉が渡され、祝杯をあげる。

Ⅶ　「国際社会を生き抜く技術――〝胆力と知力〟」

「プロブレムと向き合う旅」はまだまだ終わらない

草柳　俊二

戦場の街で書いた論文

草柳俊二の著書の一冊に『国際建設プロジェクトのマネジメントシステムに関する研究』がある。この論文の中で草柳は、日本の建設プロジェクトにおいて「スケジュール管理」「コスト管理」は存在しておらず、実際に行われているのは「工期管理」と「コスト経理」であると見事に喝破した。そして、プロジェクトマネジメントは「プロセスを見せる」ものでなければならないが、日本では「結果を見つめる」ものになっていると指摘した。

この鋭い指摘は、建設請負契約とは金額と工期を守ることであるととらえてきた日本の建設業界に、新しい課題を提起したかたちとなった。発注者が提示した仕様書に従って、発注者が要求する品質を正確につくり込む「プロセスを見せる管理」こそが、建設マネジメントであることを、あらためて知らされるきっかけとなったからである。

草柳の工学博士取得論文となり、１９９６年（平成８）の土木学会論文賞を受賞したこの原稿の草案を、銃撃戦や時限爆弾が炸裂する市街戦さなかのメデジン市で草柳は書き上げた。

草柳が、南米のコロンビア共和国第二の都市メデジン市に入ったのは１９８７年（昭和62）1月だった。

その前年の86年にコロンビア大統領に就任したビルヒリオ・バルコが麻薬取締り作戦を宣言したことから、麻薬マフィアの不穏な動きが活発化し、政府の治安部隊と一触即発の状況にあった。その国情不安、治安悪化の中で暗礁に乗り上げてしまったプロジェクトの問題を解決し、終結させるのが草柳の役目だった。

「リオ・グランデII」と呼ばれるそのプロジェクトは、反政府ゲリラの活動地帯のアンデス山中に水力発電所と浄水場を建設し、アンデス山脈の下に長さ16キロメートルの導水トンネルを掘る大規模工事で、大成建設が84年に受注した世界銀行〈註〉の融資案件である。その工事は7割ほど進んでいたが損失がかさみ、先の見えない状態に陥っていた。大成建設本社の首脳は、窮状を打開するために、新しいプロジェクトマネージャー〈註〉として草柳に白羽の矢を立てた。損な役回りである。

現地入りした草柳が見たものは、想像をはるかに超える問題の数々だった。

「導水トンネルは日本にはありえない硬強度の岩層に遭遇していた。海水の２・５倍の塩分を含んだ地下水や有毒ガスが噴出した。暴力団まがいの労働組合の幹部たちとの交渉など、皆それぞれ頑張っていたが、損失は拡大し続けていた。加えて現地通貨のペソが下落するたびに数十億円単位で赤字がふくらんだ」

最初から手がけたプロジェクトなら対応の仕方や手順も見えてくるが、中途から乗り込んだかたちの草柳には手探り状態である。前任者たちのプライドもあり、その軋轢が草柳を苦しめた。

そして草柳が最も恐れていたことが現実となった。コロンビアの三大マフィアの中で最大の組織と勢力を持つメデジン・カルテルと政府治安部隊の戦争が始まったのだ。麻薬密売の帝王パブロ・エスコバルが率いるメデジン・カルテルは、攻撃用ヘリ、ロケット砲、機関銃で武装し訓練された私兵集団である。それが政府の軍隊と全面戦争に突入し、1週間ほどで決着がつくと思われた戦争が2年近くも続くことになる。

「戒厳令が布かれ、夜間は宿舎から一歩も出られず、身の危険にさらされる毎日に、日本人職員の動揺が深まる。解決の手立てが全くないまま明日は何とかなると思って寝るが、目が覚めると同じ朝がやってくる。事態は少しも変わらない。そしてまた夜がくる」

日毎に追いつめられていく状況が3カ月ほど経ったとき、草柳は日本人職員全員を帰国させることを決断する。その決断をさせたのは、草柳が米国の建設会社ブラウン&ルーツ社に企業留学した時に学んだ「プロブレムアイソレーション」の手法だった。いきなり問題の解決方法を見出そうと焦らず、まず問題に直面している現実と事実を認識する。そして、発生している問題のすべてに向き合おうとせずに、切り離せる問題を思い切って切り離す。こうして本質的問題をアイソレート（隔離）し浮かび上がらせる。大胆にアイソレートすることで問題の本質が見えてくる。それから解決策を検討し選択し、できるものから処理していくマネジメント手法である。

「最優先すべき問題は、日本人職員を生命の危機から遠ざけることだった。だから本社の反対を押し切って全員を帰国させた。日本人が誰もいなくなり、自分の身だけを守ればよい状況になってみると、あれほど重かったプレッシャーが軽くなり、思考回路が動き出し問題の所在が明確になりどんどん解決策が見えてきた。それを現地人のスタッフと一緒にひとつひとつ処理していった」

頻発する銃撃戦や爆弾テロ、そして誘拐。メデジン市で一人になった草柳を守ってくれたのは現地の友人たちだった。週末は彼らの山荘に避難し、そこでの子どもたちとの会話にひとときの安らぎを求めた。住居には、500冊ほどの日本の書籍や全集が残されていた。長期プロジェクトでは、全集やビジネス書などの古本を大量に購入し船で現地に運ぶ。日本を離れてある時期がくると、日本語の文字がたまらなく恋しくなる。食べ物や酒類は現地のもので満たすことができるけれど、幼い時から慣れ親しんできた文字への欲求を満たすには日本の本を読む以外にない。本の中の活字が心を鎮めてくれるのだ。精神の奥深く入り込んでいる母国語の文字の魔力である。宿舎に残されていた本は、日本人職員の日本文字に対する飢えと渇きを癒すために運ばれていたものだった。

銃撃や爆弾の音と響きの中で本を読みながら、草柳は文章を書き遺そうと決意する。

「内戦が長期化し、死も覚悟した。初めは地酒をあおって寝る毎日だった。だが恐怖や虚しさは消えるわけではない。以前から気になっていた日本と海外のプロジェクトの根本的な違いをあらためて分析、整理して、それを書き遺そうと考えた。それまで自分が生きてきた証しにしたいとの心積もりがあった」

それが冒頭に紹介した論文となって結実するのだが、あの論文の確かさは、草柳が多くの国でプロジェクトマネジメントを実践、経験してきたことと同時に、「日本の建設現場」を草柳が知っていたことによるものである。海外と日本の異なる建設現場の体験が、あの稀有な論文を誕生させたと言える。

未開の島に都市を出現させる

安保闘争〈註〉による区分で〝60年安保世代〟と〝70年安保世代〟という表現がある。それを〝全学連〈註〉〟と〝全共闘〈註〉〟に言い換える人もいる。学生時代を過ごした時期のことで、その表現から年齢や社会背景を推し量り納得する、60歳を過ぎた人たちの暗黙の時代感覚である。学生運動が遠い過去になったいまでも、その言葉だけはある種のほろ苦さを込めて時折りふと使われて、まだ死語になっていない。

1944年（昭和19）生まれの草柳は、60年安保と70年安保の中間世代であり、60年安保の時は高校生だった。

「教室で安保の話になり、『お前はどう思うか』と聞かれ、『デモに参加したことがないから分からない』と言ったら、『意見のないやつだな』と言われた。『じゃ行って来る』

とその日の夜にデモに参加した。高校生がデモに参加することを禁止されていたから、それが教師にバレて怒られた。デモに参加してそこで見たものは、日本の国を守るためにと立ち上がったデモ隊が赤旗をふり、日の丸を掲げた集団と乱闘を繰り広げている光景だった。その後、世の中についていろいろ考えるようになった」

大学に入学したのは、学生たちが反戦運動や思想論争を展開し、キャンパスには立看板が並び、休講が相次ぐ時代だった。

「共産主義をどう思うかと聞かれ、『そんな国に行ったことがないから分からない』と言ったら、『お前はノンポリだ〈註〉』と言われた。『じゃあ、中国に行って来る』と1966年夏、中国に行き1カ月ほど過ごしてきた。ここで人生観が少し変わった」

1966年（昭和41）は、紅衛兵〈註〉による文化大革命が始まった年である。その中国に草柳は、小さな日の丸を袖に縫い付けた作業着を着て行った。

「主義が変わっても、人間が生きようとする姿は同じ。これが中国を旅して得たことでした」

67年に大学を卒業し大成建設に入社する。東海道新幹線、山陽新幹線、阪神高速道路、京都市の鳥羽下水処理場など、都市土木の工事現場を経験する。そのころの建設現場には、元請けも下請けも同じ濃度の心意気で工事に取り組む気風があった。

「下請けのオヤジやベテランの職人に、徹底的に現場を教え込まれた。彼らには、元請けの若い社員を育てる気概と使命感があり、ミスをすると本気で怒り、分け隔てのない教育をしてくれた。文字通り寝食を共にしながら、身体で覚えて学んだことは実に大きい」

やがて草柳に転機がやってくる。インドネシアのバタム島総合開発プロジェクトへの赴任である。草柳には2歳半の男の子と、生まれて3カ月半の女の子がいた。赴任を断るつもりで上司に会いに行った草柳の心を見透かしたように、上司は「君の奥さんなら大丈夫だから、家族を連れて行きなさい」。これで草柳は断れなくなった。

この時に奥さんの美智子さんが言った言葉が、「子どもと私が一緒に行ける所でしたら参ります」だった。だが、当時のバタム島は、単身赴任でも厳しい条件の場所だったのだ。

シンガポールの前にあるバタム島は、淡路島より小さい人口1500人ほどの未開の島で、水道も電気もない。もちろん病院、役所、郵便局など生活に必要な施設はいっさいない。インドネシア政府はその島にシンガポールに負けない無関税都市を造る計画を打ち出した。つまり、全く何も無い熱帯の島に近代都市を出現させる壮大なプロジェクトが、バタム島総合開発だった。

１９７４年（昭和49）８月、草柳は家族４人でバタム島に向った。その時の様子を美智子さんに聞いてみた。

「シンガポールからのバタム島行きの船はとても小さく、桟橋からいくつもの小さな舟を渡り、やっと島に向う船に乗るのですが、子どもを両手で胸に抱いた不安定な姿勢ですから、小舟が揺れて身体が大きく上下いたしました。島にも桟橋などありませんでした」

こうして島での生活が始まった。山すそを掘って貯めた水は泥水のように茶色で濾過しても色は消えず、その水で作る哺乳瓶のミルクは薄茶色になった。そのミルクで育った娘さんが、日本に帰国した時の第一声が「お父さん、日本のミルクはなぜ白いの」だった。

「お米にも小麦粉にもお砂糖にもすぐ虫がついてしまい、それをひとつひとつ取りながら食事を作りました」

そして美智子さんは気品のある笑顔でこう言った。

「私は両親や兄弟に囲まれて育ちましたから、あまり世間の苦労を知らなかったのです。でもそれがかえって良かったのかも知れません。とにかく目の前にある現実に向き合うことだけで精一杯で、いろいろ考えて悩む余裕がなかったのです。主人と子どもと一緒にいること、選択肢はそれだけしか無いのですもの」

島での生活は2年近く続いた。20年後、草柳の家族はバタム島を訪ね、島と再会した。美智子さんは感動する。

「あの何も無かった島が、人口数万人の都市に生まれ変わっていました。大型船が停泊できる広大な港、立派な道路、人々が街をさっそうと歩いているのです。荒れた赤土の上に建てた私たちの家が、20年の間に熱帯の樹木に取り囲まれてそのまま残っていたのです。人が住んでおられて、発電機で稼動させていた日本製のエアコンが、まだ使われているのを見て本当に感激しました」

このバタム島総合開発で草柳は、プロジェクトの面白さと奥深さを体験する。コントラクター〈註〉の大成建設が計画し設計も施工も行うというものだったからだ。

「ゼネコンの技術者は施工するだけと思っていたが、土木技術者には広い領域があることを知り、人生が大きく変わった」

草柳にとってバタム島は、その後30カ国のプロジェクトに携わる道のりの出発点となり、さらに「プロブレムシューター」〈註〉の世界に入る道筋もここから始まっていたことになる。

草柳は部長時代に、部下や後輩に家族帯同での海外赴任を勧め、海外で仕事をする父親の姿を家族に見せるべきだと言ってきた。

「子どもを連れていけば、学校に行かせなければいけない、地域の人たちと仲良くしなければいけない、言葉の問題もある。非常にやっかいで大変なんです。だからこそ家族を連れて行けというのが、私のフィロソフィーなのです」

「地図に残る仕事」の現場

草柳が米国のヒューストンにあるブラウン&ルーツ社に企業留学したのは、1980年（昭和55）だった。ここで火力発電、原子力発電、石油精製のエネルギープラント・プロジェクトの現場を学んだ。どのプロジェクトでも必ずシビル・エンジニアがプロジェクトマネージャーとなり、その下にエレクトリック・エンジニア、メカニカル・エンジニア、ケミカル・エンジニアなど各分野の技術者がついて工事を進行させる組織形態だった。草柳が「日本のプラント工事では、機械技術者がトップに就き土木技術者は下に就く」と言ったのに対して、草柳より2歳ほど若いプロジェクトマネージャーが即座にこんな答を出した。

「それはおかしい。メカニックは工場でプラントを作るだけでリスクはほとんど無い。一番リスクの多いのはシビルの仕事であり、シビル・エンジニアが指揮を執らなければ、プロジェクトが成功するわけがない」

この一言で、プロジェクトの成否を左右する不確定要素が最も多い分野の建設技術者が、プロジェクトの技術者集団のリーダーとなることの正当性と合理性が明快に見えてくる。

「プロジェクトマネージャーには大きな権限と自由裁量が与えられているが、それと同じ重さの責任を背負っている。自由と責任が常にバランスしている。自由は責任の対価であることを実感した」

この草柳の言葉は、社会や組織における個人の「自由」の本質を教えてくれる。

企業留学から戻った草柳は、間をおかずナイジェリアに飛んだ。日本の政府開発援助（ＯＤＡ）〈註〉によるローアナンブラ灌漑プロジェクトの指揮を執るためである。８０００ヘクタールのジャングルを切り拓き、５０００ヘクタールの水田を造り出す途方もないスケールの事業である。灌漑用水路の総延長が８００キロメートル、農道建設総延長は６００キロメートルに及んだ。後に大成建設のＣＭでヒットした「地図に残る仕事」のフレーズは、このプロジェクトから生まれたものである。

広大な現場を効率よく監督するために、出始めてまだ間もなかったパーソナルコンピューターを導入したプロジェクト管理や日本の企業に合ったマネジメントシステムなど、草柳はさまざまな取り組みをする。帽子の色をエンジニアは青、大工は黄、土工は橙といった具合に職種ごとに色分けして、遠くにいてもすぐ識別できるようにしたのもその一つである。本社からやって来た人が「なぜヘルメットを着用させないのか」。草柳は「頭上にあるのは赤道直下の青空だけ。落ちてくる物が何も無いのにヘルメットを被る必要はないでしょう」。

その青空の下で草柳は４年間過ごし、年間収穫量３万５０００トンの水田を完成させた。

「目の届く限りどこまでも黄金色の稲穂が風になびく光景は、美しく壮観だった。明るい日差しの中で初めての収穫を喜ぶ住民の顔と笑い声。これだけやりがいのある仕事はないと思ったほどです」

東南アジアのプロジェクトも数多く手がけている。カンボジアの５００リエル〈註〉紙幣は、表にアンコールワットの遺跡、裏にメコン河に架かる「ＫＺＵＮＡ橋」が印刷されている。「ＫＺＵＮＡ」は日本語の「絆（きずな）」のことである。日本のＯＤＡで架けられた橋は、両岸の人々を結び、カンボジアと日本を結ぶ「絆」であると、若いプロジェクトマネージャーがカンボジア政府を説得した。この名前がフンセン首相に伝わり、「ＫＺＵＮＡ」と命名された。ＫＺＵＮＡ橋の起工式の写真にフンセン首相、日本大使、草柳が一緒に映っている。

草柳は40代半ばから大成建設を退社するまでの10余年、「プロブレムシューター」として海外を飛び回った。あえて日本語に訳せば「問題処理責任者」となるプロブレムシューターは、日本国内には存在しない職能であるが、海外プロジェクトでは不可欠な存在のプロフェッショナルであり、プロ中のプロと尊敬されている。その背景には、「問題の発生しないプロジェクトはない」と考える欧米の思想が貫かれている。

品質の欠陥、困難な施工条件の遭遇などの技術的問題。予算超過、赤字、工事遅延などの契約関連問題。発注者や下請けとの感情的なトラブル、資機材調達、労働交渉、環境対策、住民訴訟などのマネジメント関連問題。これらあらゆる問題を解決するのがプロブレムシューターなのだ。したがって、技術、契約、法律、経理、語学など各分野の高度な知識体系と経験、そして解決を導き出す強靭な胆力が要求される。

だから欧米の建設企業の役員は、若い時に必ずプロブレムシューターを経験している。問題を解決する能力と勁（つよ）さがないと役員になれないのだ。

「欧米の建設企業のトップは、優れた問題処理責任者としての豊富な技術と知識を持ちながら、自分の専門分野を確立し学術的論文をいくつも発表している。それに加え仕事以外の話やジョークがうまく、さりげないゴマすりもできる。そんな見識や素養を身につけた魅力的な人物が、国際市場でトップマネジメントを行っている」

「日本では建設プロジェクトの成功の鍵は施工技術であり、それ以外の不測の事態は技術者の仕事ではないと考えられている。このため、プロブレムシューターの必要性や価値が企業経営者にはなかなか理解されない。問題をうまく解決して大きなリスクを回避しても評価されず出世もしない。これでは、国際プロジェクトの人材が育たず、欧米企業とのマネジメント能力の差は縮まりません」

こうしたプロジェクトに対する考え方の違いが、日本の建設企業の国際競争力が弱い原因のひとつになってはいないだろうか。

大学間の協定で人材育成支援

学生や若い技術者たちに、草柳は、社会資本整備に携わる技術者が果たすべき3つの機能を次のように説明した。

「ひとつは、何をつくるのか、何のためにつくるのかを明確にする機能。つまり使命と政策です。もうひとつは、つくる技術を探求する機能。つまり技術を開発し絶えず革新する姿勢です。もうひとつは、どのように上手くつくるかを考え実践する機能。つまりマネジメントです。社会資本整備に携わる技術者は、この3つの機能を常に最良、最適なかたちで発揮できなければいけない」

そして草柳は、この3つの機能がより厳しく要求されているのがODAだと言う。

「世界の不安定要素となる途上国と先進国の格差を是正するのがODAの大きな目的です。社会資本を整備して途上国の自立機能を高めるために、先進諸国はこの20年間で120兆円の援助を行ってきた。日本はその20%を拠出してきた。でも、途上国は未だに自立できるレベルに達しておらず、借金返済能力の向上よりはるかに高い速度で借金残額が増えている。このことはODAの手法のどこかに欠点があることを物語っています。米国もイギリスもフランスも途上国に武器を売りながら援助している。その矛盾が解消されないまま黙認されている」

日本は武器輸出をしない唯一ともいえる先進国であり、1991年（平成3）から2

000年（平成12）までの10年間、最大の援助国としてトップ・ドナーの座を守ってきた。日本が援助してきた国は150カ国を超えている。

草柳は、日本のODAが多くの国の経済発展に果たしてきた役割の大きさに比較して、人材育成支援事業が少ないことに着目する。そして、日本の大学と途上国の大学が連携して人材育成を行う、新しいODAスキームを考え出した。それが「国際協力における持続的人材教育と技術移転システム」である。そのスキームを紹介してみる。

日本の大学と現地の大学が教育、研究、人材交流の大学間協定を結び、その協定を基にして現地の大学内に「NPO・建設技術研究センター」を設立する。建設技術研究センターは、日本と現地国の学生や教授、技術者などが研究員として参画、運営し、現地国で行われるODAプロジェクトに必要な人材派遣と技術支援、さらにプロジェクトで使用する建設資材の生産と供給を行う。これらの業務を有償で行い、その対価を技術者の教育育成に活用していく。つまり、日本と被援助国の大学が連携して、自立した人材育成事業を実施するための組織と財源を創り出し、その成果を、その国で行われる社会基盤整備プロジェクトに役立てていくスキームである。

その第一号が、高知工科大学とカンボジア工科大学が２００２年（平成14）に結んだ大学協定である。「ＮＰＯ・日本・カンボジア建設技術研究センター」が、プレキャストコンクリート〈註〉工場を保有し、そこで作製されるＰＣ桁などの製品をカンボジアの道路整備プロジェクトに供給する。

「カンボジア工科大学にフランスは年間４億円程度の支援をしていました。そこで育った技術者は、カンボジアの政府や企業の中枢ポストに就いている。ＯＤＡの成果をより高めるためにも、援助を受ける国の技術者教育が非常に重要なのです」

さらに草柳は、モンゴル工科大学、スリランカのモラトワ大学と人材育成事業に取り組んでいる。

「２００６年にモンゴル工科大学と高知工科大学の協定が結ばれた。モンゴル政府は、資源のない日本が戦後の短期間で経済発展したことに注目しており、人材の教育、育成に非常に積極的で、高知工科大学は土木学会、国際協力事業団（ＪＩＣＡ）〈註〉などと協力して人材育成支援事業を進めている」

国際協力銀行（ＪＢＩＣ）〈註〉が２００５年（平成17）に一般公募した「国際契約マネジ

メント講座カリキュラム・教材作成業務」で、高知工科大学と日本工営の共同提案が採用された。JICAの研修プログラム、バンコクのアジア工科大学、スリランカのモロトワ大学で、そのカリキュラムに沿った教育が行われている。

青年時代に日本の建設現場を体験し、30余カ国のプロジェクトに携わり、そして大学教授となり、60代半ばになってなお新しい課題に挑戦し続けている。何がこれほどまで草柳を駆り立ててしまうのだろうか。

「日本はODAをプロジェクトごとに捉える意識が強く、人材育成はプロジェクトの付帯事業になってしまいがちである。国が行う国際協力支援なのだから、日本全体の知恵や能力を収斂できるスケールや仕組みであった方が、さまざまな分野の人やアイディアを集めた息の長い援助や交流ができる。日本のODAには大学の参画が非常に少ないのを見て、海外プロジェクトで得た自分の経験値をODAの人材教育に活かしたいと考えたのです。論理があってもそれを行動に移さなければ始まらない。自分の置かれている立場で何ができるか、それを考えたときの答えが大学同士の連携だったのです」

この言葉が、奥さんの美智子さんが言った「目の前にある現実に向き合うことしか選択肢がなかったのです」に重なってくる。

草柳に講演のタイトルのフレーズを要求したら、10秒ほど沈黙した後で出した言葉が「胆力と知力」だった。このフレーズだけで草柳が若者たちに何を語りかけようとしているのかが見えてきた。この表現力の確かさは文章にも活かされていて、草柳の書いた文章は論旨がはっきりしていて分かり易い。難しいテーマを易しく表現して、できるだけ多くの人に伝えようと言葉を節約し文章の無駄を省いている。ひょっとしたら草柳は、文章を書くときにも知識や情報を絞り込むアイソレート手法を用いているのかも知れない。

草柳の歌を聞いたことがある。スペイン語を挿入した物悲しい旋律のその歌を聞きたくて、講演の後に酒を誘ったら「明日、バンコクを経由してコロンボに行きます。またの機会にします」と片手を差し出した。温もりのある厚い手であった。鍛え抜かれた胆力と知力がかもし出す渋さと孤独さが、草柳の頬や肩のあたりに漂っているけれど、笑うとそれが一瞬に消え、不屈の男の顔が、苦さを知らない人懐こい少年の顔に一変する。したたかな勁さを生み出すのは、少年のような一途さであることを知らされる。

草柳の背中を見送りながら、ふと草柳が武器を持たない〝ソルジャー〟のように思えてきた。望んでいないのに、次々と草柳の前に新たな問題が近寄ってくる。いつもそれに真正面から取り組むものだから、草柳の居る場所が静かな〝戦場〟になってしまう。混沌とした国際社会の中で岐路に立たされている日本のこれからを背負ってくれる若い世代のために、自分は何ができるかを考え、目の前にある現実に向き合う以外にないのだと、自分に言い聞かせているように見える。

草柳はプロブレムシューターからまだまだ解放されそうにない。

政府治安部隊と麻薬マフィアとの戦争状態のコロンビアに一人残った草柳を慰めてくれたのは、屈託のない現地の子どもたちだった。子どもの純真な心が緊張と恐怖を和らげてくれた。外国人の誘拐が相次ぐ中で、草柳は現地人の服装をして身を守った。

ナイジェリアのジャングルに、JR 山手線の内側面積とほぼ同じ 5000 ha の水田が出現した。稲穂の黄金色の水平線が続く空の下に、初めて米の収穫を味わった人たちの喜びの声や笑い声が広がった。そして「地図に残る仕事」の舞台となった。

あとがき

土木学会に向う緩い坂道を下りながら、きょう会う「世界で活躍する技術者」はどんな人なのだろうと考え、1時間の講演を聴き終えて、どう書き出したらいいものかと考えながら緩い坂道を上った。1年の季節が移ろう中でそれを7回繰り返し、7人の技術者を書き上げた。それが本書になった。

1度だけの講演内容からその人物像を文章にするという少し乱暴な仕事を終え、あらためて7人の男たちの豊かな個性と魅力の奥深さを思う。若者たちに語りかける7人の技術者が、ときに平和の希求者、ときに混迷する現代を憂う修験者に見えたりした。

さらに7人には共通していることがある。

幼い記憶に戦後の貧しい日本を残している。高度経済成長期に少年時代と青年時代を過ごしている。東西冷戦時代とその終焉を知っている。つまり、20世紀後半から21世紀の現在までの時間を共有し体験した世代であり、そして、日本から海外を、海外から日本を見つめてきた男たちである。

彼らは、いつもそのときの時代と真正面に向き合い、悩みながら傷つきながら決して逃げることをしなかった「時代の体現者」である。だから、彼らが過去の話をしてもそれは昔の話ではなく、現在の私たちが向き合わなければいけないテーマであった。「シビル・エンジニアリング」が時代も国境も越えてつながり続けている「文明」であることを、実証している〝七人の侍〟であった。

それぞれの個性と魅力を表現、描写したいとの気持ちが、勝手な主観や思い込みの多い文章にしてしまった。それを許してくれた7人の技術者の寛大と寛容に、ひたすら感謝している。

本書は、土木技術者を目指す若い人たちに夢を持って欲しいと願う、国際競争力特別小委員会全員の誠意を込めた合作である。

本書の中の「世界で活躍する技術者」から、これからの国際社会と日本を考えるきっかけのひとひらを見つけてもらえたら、大きな喜びであり嬉しさである。

国際競争力特別小委員会委員

佐藤　正則

講演者の略歴

加藤欣一（かとうきんいち）

【主な経歴】

1971 年 3 月	法政大学工学部土木工学科卒業
1971 年 4 月	パシフィックコンサルタンツ株式会社入社、道路部勤務
1975 年 8 月	株式会社パシフィックコンサルタンツインターナショナル（PCI）へ出向、インドネシア勤務
1986 年 10 月	PCI へ転籍、交通開発部勤務
1994 年 11 月	コンサルティング事業部 道路交通部長
1999 年 10 月	道路交通事業部 事業部長
2002 年 10 月	常務取締役 業務管理本部長
2007 年 12 月～現在	代表取締役副社長

【これまでの主な従事プロジェクト】

1971 年	東北自動車道（日本）
1972 年	沖縄自動車道（日本）
1975 年	スラウェシ縦貫道路建設（インドネシア）
1977 年	ジャカルタ外郭環状道路建設計画（インドネシア）
1978 年	ジュベール工業団地内道路計画（サウジアラビア）
1981 年	マレーシア縦貫高速有料道路計画（マレーシア）
1985 年	インターモーダル・トランスポート・スタディ（バングラデシュ）
1986 年	バンコック Second Expressway（タイ）
1987 年	パキスタン全国交通総合計画（パキスタン）
1990 年	インダス・ハイウェイ・プロジェクト（パキスタン）
1999 年	ハノイ都市圏インフラ整備計画（ベトナム）
2000 年	ボスニア・ヘルツェゴビナ総合交通マスタープランン調査（ボスニア・ヘルツェゴビナ）

土屋紋一郎 (つちやもんいちろう)

【主な経歴】

1982 年 3 月　日本大学理工学部交通工学科卒業
1982 年 4 月　清水建設株式会社入社、海外本部 勤務
1990 年 1 月　海外本部 土木部 工事主任
1995 年 4 月　海外事業本部 マレーシア営業所 工事主任
1997 年 2 月　海外事業本部 マレーシア営業所 工事長
1997 年 10 月　海外事業本部 バンコク営業所 工事長
ラオスパクセ橋作業所 所長
1998 年 4 月　土木事業本部 海外土木支店 工事長
2002 年 1 月　フィリピンバタンガス港作業所 所長
2006 年 4 月　生産支援センター グループ長
2006 年 10 月～現在　生産支援センター 所長

【これまでの主な従事プロジェクト】

1982 年　アチェセメント工場土建工事（インドネシア）
1983 年　スマラン港改修工事（インドネシア）
1984 年　ジャンクベイ汚水処理場新設工事（香港）
1987 年　トレンガヌ橋新設工事（マレーシア）
1990 年　ノースサウス高速道路新設工事（マレーシア）
1992 年　リパブリックプラザ基礎・地下工事（シンガポール）
1994 年　マレーシアシンガポール第 2 連絡橋（マレーシア）
1997 年　パクセ橋新設工事（ラオス）
2001 年　ルプシャ橋新設工事（バングラデシュ）
2002 年　バタンガス港開発工事（フィリピン）
2006 年　パシールパンジャン埋立工事第 3・4 期応札（シンガポール）

吉田恒昭（よしだつねあき）

【主な経歴】

1971年6月	東北大学工学部土木工学科卒業
1971年4月	日本工営株式会社入社
1975〜77年	ロンドン大学留学（セン教授に師事）経済学修士号を取得
1977年10年	財団法人国際開発センター研究員
1981年	アジア開発銀行（ADB）入行
1992年	工学博士（東京大学）授与
1997年1月	東京大学工学系研究科 社会基盤工学専攻　教授
2004年4月	東京大学新領域創成科学研究科 国際協力学専攻　教授

【これまでの主な従事プロジェクト】

1971年	（日本工営）国内・海外の水資源開発プロジェクトの計画・設計に参画、
1977年	（国際開発センター）日本ODA政策提言のための研究に参画、JICA地域総合開発計画調査（ペルー、ヨルダン、エジプト、インドネシアに参画）
1981年	（アジア開発銀行）アジア諸国の農業・灌漑・社会基盤整備プロジェクトの計画・審査・執行管理に従事（上級プロジェクト・エコノミスト）
1989年	南アジア諸国の国別援助計画立案及び構造調整プログラム審査等に従事（主任計画官）
1995年	農業・農村・灌漑事業、農村金融、インフラ（交通・水資源）事業、森林管理などの各種プロジェクト計画・審査・執行（プロジェクト部ディレクター）
1998年〜	国際建設技術協会　アジアハイウエイ研究科座長
2004年〜	ADB/水資源機構　アジア河川流域管理機関ネットワーク（Network of Asian River Basin Organization：NARBO）研究顧問

【最近の主な研究活動】

1997年	インフラ開発事業の効果に関する研究、アフリカ農村開発、アジアの経済連携統合と越境インフラ・ネットワーク構築（Trans-Asian Infrastructure Networks）に関する実証的研究、日本の水資源開発整備の経験など

佐藤周一 (さとうしゅういち)

【主な経歴】

1971 年 3 月　北海道大学農学部農業工学科卒業
1971 年 4 月　日本工営株式会社入社、農業水利部勤務
1985 年 4 月　企画部勤務
1989 年 4 月　業務推進室勤務
1990 年 12 月～現在　インドネシア小規模灌漑開発事務所 所長、理事

【これまでの主な従事プロジェクト】

1974 年　ナラヤニ灌漑開発計画（ネパール）
1975 年　アクラ平原アベメ砂糖生産計画実施調査（ガーナ）
1976 年　ワディアラブダム灌漑実施計画調査（ヨルダン）
1977 年　ローア・アナンブラ灌漑開発計画（ナイジェリア）
1979 年　ナセル湖周辺地域開発基本計画調査（エジプト）
1980 年　ローア・モシ農業開発実施計画調査（タンザニア）
1980 年　全国水資源開発基本計画調査（マレーシア）
1982 年　北バンテン水資源開発基本計画調査（インドネシア）
1983 年　全国水資源開発基本計画調査（P.K.P. 地域）（マレーシア）
1984 年　南ジョホール地域水資源開発基本計画調査（マレーシア）
1985 年　アサハン河下流域基本計画調査（インドネシア）
1986 年　タンジョンカラン灌漑実施計画調査（マレーシア）
1987 年　中南米地域経済基盤施設調査（ボリビア・パラグァイ・アルゼンチン・ブラジル）
1988 年　小規模灌漑管理事業案件形成調査（初年度 SAPROF）（インドネシア）
1989 年　非穀倉灌漑地区合理化・作付多様化計画実施調査（マレーシア）
1990～1994 年　小規模灌漑管理事業（1 期）（インドネシア）
1994～1998 年　小規模灌漑管理事業（2 期）（インドネシア）
1998～2003 年　小規模灌漑管理事業（3 期）（インドネシア）
2003 年～現在　小規模灌漑管理事業（4 期）（インドネシア）

福田勝行（ふくだかつゆき）

【主な経歴】

1964年3月　大阪工業大学工学部土木工学科卒業
1964年4月　鹿島建設株式会社入社
1966年6月　国際事業本部ムダ河プロジェクト勤務
1970年7月　国際事業本部會文ダム勤務
1973年5月　土木本部奥清津ダム勤務
1978年11月　土木本部荒川ダム、工事主任
1984年12月　名古屋支店万場調整池、工務課長
1987年12月　国際事業本部サマナラウェバダム、副所長
1994年11月　海外事業本部ウオノレジョダム、所長
2000年2月　海外事業本部ダウリガンガダム、所長
2007年4月　海外支店技師長として退社
2007年5月～現在　丸磯建設株式会社 顧問

【これまでの主な従事プロジェクト】

1964年　魚梁瀬ダム（日本）
1965年　九頭竜ダム（日本）
1965年　ムダ河プロジェクト（マレーシア）
1970年　會文ダム（台湾）
1973年　奥清津ダム（日本）
1978年　荒川ダム（日本）
1984年　万場調整池（日本）
1987年　サマナラウェバダム（スリランカ）
1994年　ウオノレジョダム（インドネシア）
2000年　ダウリガンガダム（インド）
2007年6月～現在　アルジェリア・東西高速道路（アルジェリア）

市川寛 (いちかわひろし)

【主な経歴】

1964 年 3 月	日本大学理工学部土木工学科卒業
1964 年 4 月	西松建設株式会社入社、土木設計部勤務
1968 年 4 月	中国支店勤務
1970 年 4 月	土木設計部勤務
1971 年 5 月	大阪建築支店勤務
1974 年 4 月	関西支店勤務
1977 年 2 月	土木設計部勤務
1979 年 9 月	香港支店勤務
1999 年 3 月	理事・香港支店次長として退職

【これまでの主な従事プロジェクト】

1968 年 4 月	日本鋼管株式会社 福山製鉄所建設工事・各種基礎設計
1971 年 5 月	神戸製鋼株式会社 神鋼加古川製鉄所建設工事・各種基礎設計
1974 年 4 月	川崎製鉄株式会社 葺合本社工場建設工事・各種基礎設計及び施工管理
1977 年 3 月	香港地下鉄建設工事・駅舎その他設計
1979 年 9 月～	香港・シンガポール・フィリピン・タイ・イギリス等において地下鉄建設工事、火力発電所建設工事等各種工事の計画・設計・入札・契約業務
1988 年～	香港、インドネシア、英国等における PFI(BOT) システムによる新規プロジェクトの開発・入札・契約・折衝業務
1999 年 3 月	理事・香港支店次長として退職
1999 年 4 月	日本へ帰国、松山に居住開始

【主な海外ビジネスに関する活動】

1985 年～	香港大学大学院（非常勤）講師、国際協力事業団 (JICA) 海外派遣専門家（シンガポール、タイ）、国際トンネル技術協会・その他の国際会議等での講演・論文発表、国内専門誌への寄稿・連載、国内企業における講演等
1999 年～現在	（松山にて）海外ビジネスに関するアドバイザー、日本国内の建設市場に関する海外企業に対するアドバイザー、執筆活動等

草柳俊二（くさやなぎしゅんじ）

【主 な 経 歴】

1967 年 3 月	武蔵工業大学工学部土木工学科卒業
1967 年 4 月	大成建設株式会社入社、大阪支店勤務、都市土木工事に従事
1974 年 8 月	海外本部 インドネシア港湾工事、計画・積算業務（プロジェクト室）
1980 年 3 月	米国建設企業ブラウン&ルーツ社（ヒューストン）企業留学（17 ヶ月）
1981 年 8 月	ナイジェリア灌漑工事作業所長
1985 年 5 月	国際事業本部 土木部 技術室課長、契約管理部室長
1988 年 1 月	コロンビア水力発電工事作業所長
1991 年 1 月	国際事業本部 土木部技術室長、工事担当部長、土木部長、統括営業部長
2000 年 9 月	国際事業本部次長として退社
2000 年 10 月	株式会社建設企画コンサルタント、日本工営株式会社　技術顧問
2001 年 8 月〜現在	高知工科大学社会システム工学科教授、武蔵工業大学客員教授、モンゴル科学技術大学客員教授などを兼任

【これまでの主な従事プロジェクト】

1967 年	山陽新幹線高架橋工事、阪神高速道路公団高速道路工事など（日本）
1974 年	バタム島港湾プロジェクト（インドネシア）
1981 年	ローアンアンブラ灌漑プロジェクト（ナイジェリア）
1985 年	海外プロジェクト調査・計画・積算・契約・技術問題解決支援業務
1988 年	リオグランデ II 水力発電プロジェクト（コロンビア）
1991 年	海外プロジェクト技術問題・収支管理業務（フィリピン、シンガポール、ベトナム、カンボジア、パキスタン、タイ、ネパール、ケニア、ドミニカ、ペルー等）

【建設マネジメント教育関連プロジェクト】

2003 年〜現在	カンボジア工科大学との建設技術センター設立推進プロジェクト
2005 年〜現在	国際協力銀行と国際協力機構との建設契約管理教育推進プロジェクト
2006 年〜現在	モンゴル科学技術大学との建設技術センター設立推進プロジェクト

「世界で活躍する技術者たちとの懇話会“夢”」開催記録

主催：土木学会　コンサルタント委員会　国際競争力特別小委員会
会場：土木学会講堂（東京都新宿区四谷）

開催経過：　　　　（開催時間：17:00～19:00）

回	開催日	講演者および題目
1	2007 年 2 月 13 日	加藤欣一氏　株式会社パシフィックコンサルタンツインターナショナル 「国際開発コンサルタントの夢と行動」
2	4 月 25 日	土屋紋一郎氏　清水建設株式会社 「海外土木屋人生　－見て、聞いて、考えた 25 年－」
3	7 月 4 日	吉田恒昭氏　東京大学大学院 「地球公共財を創る土木技術者」
4	10 月 16 日	佐藤周一氏　日本工営株式会社 「ライフワークの途上国開発　－東方インドネシア開発 17 年の経験から」
5	11 月 26 日	福田勝行氏　丸磯建設株式会社〔元鹿島建設株式会社〕 「技術移転で育った技術者たちと共にダムの完成を祝う」
6	2008 年 1 月 29 日	草柳俊二氏　高知工科大学 「国際社会を生き抜く技術“胆力と知力”」
7	4 月 16 日	市川寛氏　元西松建設株式会社 「海外建設商売覚え書き・海外建設ビジネス推進の経験とノウハウ」

土木学会 コンサルタント委員会
国際競争力特別小委員会　名簿

委員長	廣瀬典昭	日本工営株式会社（コンサルタント委員会　委員長）
幹　事	播磨　進	株式会社ニュージェック
	水谷　進	パシフィックコンサルタンツ株式会社
委　員	大谷仁美	東京大学大学院（修士課程）
	岡部真佳	山梨大学大学院（修士課程）
	加藤欣一	株式会社 パシフィックコンサルタンツインターナショナル
	河田孝志	清水建設株式会社
	倉岡千郎	日本工営株式会社
	佐藤正則	エッセイスト
	鈴木信行	パシフィックコンサルタンツ株式会社
	瀧田陽平	株式会社建設技術研究所
	林　謙介	西松建設株式会社
オブザーバー	藤井　聡	東京工業大学（コンサルタント委員会　副委員長）
	田中　弘	日本工営株式会社（コンサルタント委員会　幹事長）

【第 1 回懇話会風景】

国づくり人づくりのコンシエルジュ
〜こんな土木技術者がいる〜

平成 20 年 5 月 26 日　第 1 版・第 1 刷発行
平成 20 年 9 月 3 日　第 1 版・第 2 刷発行

●編集者………土木学会　コンサルタント委員会
国際競争力特別小委員会
委員長　廣瀬　典昭

●発行者………社団法人 土木学会　古木　守靖

●発行所………社団法人　土木学会
〒 160-0004　東京都新宿区四谷 1 丁目外濠公園内
TEL：03-3355-3444（出版事業課）　03-3355-3445（販売係）
FAX：03-5379-2769　　振替：00140-0-763225
http://www.jsce.or.jp/

●発売所………丸善（株）
〒 103-8244　東京都中央区日本橋 3-9-2　第 2 丸善ビル
TEL：03-3272-0521/FAX：03-3272-0693

印刷・製本：（株）平文社　用紙：（株）吉本洋紙店　制作：（有）恵文社
ISBN 978-4-8106-0659-1

・本書の内容に関するご質問は，下記の E-mail へご連絡ください。
E-mail　pub@jsce.or.jp

用 語 解 説

【あ行】

IPP

独立系発電事業のことをいう。「卸電力事業」とも呼ばれる。1995年の電気事業法改正で、一般事業者が電力会社へ電力の卸供給を行うことが認められ、石油・鉄鋼・化学などの業界各社が、IPP事業を新たなビジネスチャンスととらえて参入している。卸売業者は入札によって決定される。Independent Power Producer

アジア開発銀行（ADB）

アジア・太平洋における経済成長および経済協力を助長し、開発途上加盟国の経済発展に貢献することを目的にESCAP（アジア太平洋経済社会委員会）の発案により1996年に設立された国際開発金融機関。66の国と地域が加盟（2007年7月現在）で、本部はマニラ。日本は、設立当初から最大の出資国。ADB（Asian Development Bank）

アジアハイウェイ

アジアの32カ国を連絡する総延長14万kmにわたる高速道路。主に既存の道路網を活用し、現代のシルクロードを目指して計画されているものである。トルコからはヨーロッパハイウェイ網に接続する。日本は、2003年にプロジェクトに参加し、東京～福岡間が路線網に含まれることになっている。Asian Highway

アスファルトフェイシング

水路・貯水池の漏水防止を主な目的とし、アスファルトで表面遮水する工法。水圧等の荷重に耐えうる永久構造物であり、ライニングの厚さと強さは、構造物の機能に応じて決められる。asphalt facing

案件形成促進調査

必要性が高いプロジェクトであっても、資金や専門技術等の制約がネックとなって開発途上国側で十分な事業計画の形成作業を行うことが困難な場合、国際協力銀行がコンサルティング会社などを雇用して追加的な調査を行い、相手国のプロジェクト形成努力を支援するもの。SAPROF（Special Assistance for Project Formation）

安保闘争

日米安全保障条約改定反対の闘争。1959〜60 年全国的規模で展開された。近代日本史上最大の大衆運動。とりわけ 60 年の 5〜6 月は連日数万人がデモ行進し国会を包囲したが、結局条約は改定された。70 年にも条約の延長をめぐって反対運動が行われた。

インターナショナリゼーション

国際化。世界の国々が相互の尊重や交流の拡大を基本として、経済的な取引や文化的・政治的な交流を行っていくこと。internationalization

インドシナ旅行印象記

吉田恒昭が、1968 年（当時 22 歳）に著述した手記。40 000 字ほどの長文で、原文は原稿用紙に手書き。約 3 年にわたる計画の後、宿願の東南アジアの要であるインドシナを 2 ヶ月余にわたって旅をした。主にメコン河流域 3 ヶ国、すなわちカンボジア、タイ、ラオスを単身気の向くままに歩いた。これを機会に見た事、聞いた事、感じた事そして考えた事を、青春のひとつの記念碑として書き綴った。

ウェットブランケット工法

漏水の発生している部分に、粘土など難透水性の土質材料を集中投下することにより、漏水を停止する改修工法。wet blanket method

円借款

日本政府による発展途上国への円資金の貸与。発展途上国に対する経済協力の一環として、日本政府が円資金を使って融資などをすること。長期かつ低金利という緩やかな条件で貸し付ける。有償資金協力ともいう。円借款は、主にアジア地域における発展途上国を支援するため、1985 年に始まった。政府開発援助（ODA）のうち、贈与（無償資金協力）よりも円借款のほうが大きな割合を占めている。当初の実施期間は、海外経済協力基金（OECF）で、2008 年には国際協力機構（JICA）と統合予定。

欧州復興開発銀行（EBRD）

1989 年のベルリンの壁崩壊を背景に、民主化・自由化を進める中東欧諸国の市場経済への移行を支援する銀行の必要性が提唱されたことを受けて、1991 年 4 月に設立された。60 カ国および EC、欧州投資

銀行が加盟（2003 年 12 月現在）。EBRD（The European Bank for Reconstruction and Development）

欧州投資銀行（EIB）

欧州連合 (EU) のバランスのとれた発展に寄与し、域内における経済・社会の結合を強化させることを目的とする融資機関。1958 年発効のローマ条約によって設立された。EIB（European Investment Bank）

ODA

政府開発援助。政府または政府の実施機関によって開発途上国または国際機関に供与されるもので、開発途上国の経済・社会の発展や福祉の向上に役立つために行う資金・技術提供による協力のこと。Official Development Assistance の略。

【か行】

カーテンウォール

外壁工法の一種で、柱と梁を主体構造とし、壁は外装材または外部との仕切材（カーテン的なもの）にすぎないと考えた構造形式。curtain wall

海外経済協力基金

開発途上国の開発に寄与し、経済交流の上で緊要な事業での経済協力を目的とした円借款業務を実施する専門の機関として 1961 年 3 月に設立された政府機関。1999 年に日本輸出入銀行と統合して国際協力銀行となり、さらに 2008 年に国際協力機構（JICA）と統合予定。OECF（Overseas Economic Cooperation Fund）

ガントリートラス

門形のトラスのこと。トラスは細長い部材を両端で三角形に繋いだ構造であり、それを繰り返して桁を構成する。gantry truss

キープ

キープあるいはキップ (Kip) は、ラオスの通貨単位。ISO による略称は LAK。2006 年 5 月現在、1 アメリカドル = 10 065 キープ。補助通貨単位はアット (At) で、1 キープ = 100 アット。

キャパシティビルディング

ミッションの達成やプログラムの実行をより効果的・効率的に達成できるように、トレーニングや出版などを通じて教育や訓練を行い、組織的な能力開発を形成して組織の運営基盤を強化すること。近年の政府開発援助（ODA）では、援助事業の有効性の発現向上と持続性確保のためのキャパシティビルディングが注目されるようになり、名称の差異はあるものの必須事項として取り扱われるようになってきている。capacity building

グラウト

強度増加や止水を目的に地盤や構造物の間隙・割れ目・空洞に注入する材料のこと。セメントミルクやモルタルおよび合成樹脂などが用いられる。grout

グローバリゼーション

世界化、全世界一体化。情報通信技術の進歩を背景として、政治や経済、金融、地球環境問題といった分野が、国家という枠組みを超え、地球規模の同じルールのもとで交流・同化してゆくということ。globalization

ケーソン

水中構造物、地下構造物あるいはその他の一般構造物の基礎等を構築するために用いられるコンクリート製または鋼製の函型あるいは筒状の躯体のこと。caisson

紅衛兵

1966 年 8 月、中国で毛沢東の支持の下に作られ、文化大革命初期に活動した青少年の組織。のち、極左偏向と内部分裂で崩壊。

国際環境協力

東京大学大学院新領域科学研究科環境学専攻が発行する機関紙。「学融合」にふさわしく、積極的に各専門分野、各世代（教官および大学院生）、多くの有志が仕事を共にし、public（公共）に発信する場である。

国際協力銀行

1999 年 (平成 11) に日本輸出入銀行と海外経済協力基金を統合して

発足した全額政府出資の特殊銀行。ODA 関連の海外経済協力業務と、輸出入関連の商業融資に関わる国際金融業務を担う。JBIC（Japan Bank For International Cooperation）

国際協力事業団

独立行政法人国際協力機構の前身で外務省所管の特殊法人であった。国際協力機構は、独立行政法人国際協力機構法（平成 14 年法律第 136 号）に基づいて、2003 年（平成 15）10 月 1 日に設立された外務省所管の独立行政法人。略称は JICA（ジャイカ）で、こちらの方が親しみを込めてよく使われている。開発途上地域等の経済および社会の発展に寄与し、国際協力の促進に資することを目的としている。JICA（Japan International Cooperation Agency）

コンサルティング・エンジニア

コンサルティング・サービス（コンサルタント業）を専門とする技術者。本書では建設コンサルタントあるいは国際開発コンサルタントのこと。土木技術を中心とした開発・防災・環境保護等に関して、計画・調査・設計業務を中心に、官公庁および民間企業を顧客としてコンサルティングを行う技術者（場合によっては業者）をいう。コンサルタント業が専門的職業として誕生したのは、19 世紀末の英国で「シビル・エンジニア」と称される技術者がシビル・エンジニア協会（Institute of Civil Engineers）を設立したのが幕開けといわれる。consulting engineer

コントラクター

請負業者。契約に基づいて土木・建築・電機・設備等の建設工事を請け負うものの総称。我が国では建設業を営むためには建設業法により許可が必要であるが、欧米では許可を必要としない国・州が多い。contractor

【さ行】

シームレスアジア

「シームレス（seamless）」は英語で「継ぎ目のない」という意味。東アジアと我が国の地域ブロックを切れ目無く迅速で国境を感じさせ

ない総合的な交通網によって連結するという考え方のこと。2006 年国土審議会計画部会の中間とりまとめで提唱された。Seamless Asia

シビル・エンジニアリング

英語の「シビル・エンジニアリング（civil engineering）」は、日本語では「土木工学」と訳されている。シビル・エンジニアリングは、「市民あるいは民間（すなわち civil）のための工学」と定義されており、もともとは軍事工学「military engineering」と相対する学問として生まれたものである。

世界銀行

各国の中央政府または同政府から債務保証を受けた機関に対し融資を行う国際連合の専門機関。当初は国際復興開発銀行を指したが、1960 年に設立された国際開発協会とあわせて世界銀行と呼ぶ。WB（World Bank）

セグメント

部分、断片、分割する、などの意味を持つ英単語。全体をいくつかに分割したうちの一つ。構造部材をいくつかに分割してプレハブ化したもの。トンネル分野で用いるセグメントは、シールドトンネルの覆工部材のことで、RC セグメント、鋼製セグメント、鋳鉄セグメントなどの種類がある。segment

全学連

全日本学生自治会総連合の略称。各大学などの学生自治会の全国的連合機関。1948 年結成、翌年プラハに本部を置く国際学生連盟に加盟。60 年前後から分裂、学生運動は多様化する。

全共闘

全学共闘会議の略称。1968～69 年の大学紛争に際し、諸大学に結成された新左翼系ないし無党派の学生組織。

【た行】

地中連続壁工法

地中に溝状の孔を掘削し、この中に鉄筋かごを建て込んだ後、コンクリートを打設して製造される壁のこと。山留め壁、止水壁、耐震壁、

地下外壁、基礎杭などとして利用される。

【な行】

ノンポリ

政治問題や学生運動に関心を示さないさま。また、そういう人。non-political の略。

【は行】

バージ船

はしけ台船。平底の荷船。barge

バックホー

油圧ショベルと総称される建設機械のうち、ショベル（バケット）を手前向きに取り付けた利用形態を言う。「ドラグショベル」ともいう。手前向きのショベルで引くようにして、地表面より低い場所の掘削に適している。backhoe

バッチャープラント

材料を混ぜ合わせ、コンクリートを作るための施設。大規模な工事の場合、コンクリートを大量に使うため、一般に、コンクリートを購入するよりも現場で製造したほうが安くなる。このため、現地にバッチャープラントが設置される。batcher plant

パネル

一定の寸法に枠材を取り付けて作った板状製品のこと。型枠パネル、壁パネル、内装パネル、プレキャスト鉄筋コンクリートパネルなどがその例である。panel

ピア

橋脚（橋を支える柱）のこと。橋梁の下部構造の一つで、2 径間以上の橋梁の中間部にあって、上部構造からの荷重を支持地盤に伝える構造部分。pier

BOT

PFI の一形態。インフラ整備において、民間企業が、インフラを建設し（build）、運営し（operate）、最後に政府に引き渡す（transfer）

方法。BOT (Build Operate Transfer)

PFI

民間資金を活用した社会資本整備。公共サービスの提供に際して公共施設が必要な場合に、従来のように公共が直接施設を整備せずに、民間資金を利用して民間に施設整備と公共サービスの提供をゆだねる手法である。PFI（Private Finance Initiative）

PPP

文字どおり、官と民がパートナーを組んで事業を行うという、新しい官民協力の形態であり、次第に地方自治体で採用が広がる動きを見せている。PFI（Private Finance Initiative：民間資金を活用した社会資本整備）との違いは、PFI は、国や地方自治体が基本的な事業計画をつくり、資金やノウハウを提供する民間事業者を入札などで募る方法を指しているのに対して、PPP は、たとえば事業の企画段階から民間事業者が参加するなど、より幅広い範囲を民間に任せる手法である。PPP（Public Private Partnership）

フィージビリティスタディー

事業の実行可能性を事前に調査および評価すること。市場・資金・技術・環境・社会等への影響を総合的に検討し、代替案も含めて最適案を決定するための調査。通称 F/S と言う。feasibility study

プラスチックコンクリート

結合材の一部または全部にポリマー（重合体）を用いたコンクリートの総称。ポリマーコンクリートとも言う。通常のセメントコンクリートに比べて、流動性・変形性・水密性が大きいなどの特徴を有する。plastic concrete

プロジェクトマネージャー

プロジェクトの計画と実行において総合的な責任を持つ職能あるいは職務。project manager

プレキャストコンクリート

工場もしくは工事現場内の製造設備によって、あらかじめ製造されたコンクリート部材、または製品。precast concrete

プロブレムシューター

問題処理責任者。紛争調停人。揉め事解決屋。problem shooter

米国国際開発庁

米国国際開発庁（USAID）は、経済的、社会的な発展をめざして努力をしている発展途上国や移行国の人々を助けることを使命としている。米国国際開発庁の活動はアメリカ政府の主要な海外援助の一翼であり、人道的感情や道徳的な価値感を強く反映し、また外交の重要な手段も担っている。USAID (United States Agency for International Development)

片務契約

契約当事者の一方だけが相手方に対して何らかの債務を負担する契約。反意後は双方向契約。契約当事者の一方だけが義務を負う不平等な契約との意味に用いられることがある。

ボルダー

大きさが 15〜30 cm 程度の丸みをおびた天然石材。ダムなどの大型のコンクリートの骨材としてそのまま使ったり、これを打ち砕いて玉砕（たまさい）とする。boulder

【ま行】

マリンコントラクター

ゼネコンの中でも、特に海洋土木・港湾施設建築工事を中心とする建設業者のことをいい、埋立、浚渫、護岸、海底工事、橋梁基礎工事、海底トンネル工事など海洋土木工事全般および港湾施設の建築工事を請負う。海洋土木会社（海洋建設会社）。マリコンは「マリンコントラクター」marine contractor、あるいは「マリンコンストラクター」marine constructor の略。

マンパワー

人力。人間の労働力。人的資源。manpower

【ら行】

リエル

リエル (Riel) は、カンボジアの公定通貨。ポル・ポト政権下の 1978 年にいったん廃止されたが、同政権崩壊後の 1980 年にカンボジア国立銀行が設立されリエルも復活。1 米ドル = 4 100 リエル (2006 年)。

ロックフィルダム

岩石を堤体の主要材料としたダム。中央部に遮水を受け持つ遮水性ゾーン（コア）を持つタイプのロックフィルダムが多いが、上流側の堤体表面をコンクリート、アスファルトなどで遮水するタイプもある。rockfill dam

ロングライン方式

プレテンション方式のプレストレストコンクリート部材を一度に多数製作する方法。PC 鋼材を緊張定着した後、コンクリートを打込み、その硬化後に緊張を緩めてプレストレスを導入する。long line system